決戰半導體

解讀大數據時代的強勢版塊，掌握未來投資趨勢

半導体産業のすべて
世界の先端企業から日本メーカーの展望まで

菊地正典——著
陳朕疆——譯

前言

最近常可在主流媒體上看到許多關於半導體的新聞，但大部分人應該會覺得「雖然有聽過半導體這個詞，但不是很懂那是什麼」對吧？

半導體早已深入我們的日常生活中，不只是個人生活，企業、社會的運作也是由半導體支撐著。而且近年來，在地緣政治學上，半導體越來越接近「重要戰略物資」。

半導體擁有許多探討的「面相」，本書主要從產業（半導體產業）的角度切入，讓一般民眾、與半導體（產業）多少有點關係的人們、學生、金融證券相關業者、投資股票的個人等等，都能認識到半導體產業的實際狀況。這就是我執筆本書的目標。

本書一開始會提到半導體如何影響全球產業，接著逐漸聚焦到細節上，**分析「結構複雜的半導體產業」，一一說明相關產業與業務內容**。雖然這些產業都稱做「半導體產業」，但半導體產業其實是由多樣化的相關業界所組成的集合體。隨便就能舉出以下幾種產業：

- 半導體廠（成品廠）
- 製造設備廠
- 測試、檢查設備廠
- 搬運機廠
- 材料廠
- 零件廠
- 設計工具廠

等等。不僅如此，還有：

- 晶片代工廠……只接受委託，負責一部分製程的企業
- 無廠半導體公司……無製造設備，僅靠設計、開發獲利的企業。
- OSAT企業……接受封裝、測試等後製程委託的企業。

等等。可見整個半導體產業包含了許多專門的業界、業種。

本書便依照半導體製程的順序，一一介紹這些相關產業分別負責哪些製程、分別承接哪些業務，而在這些業務中，又會使用到哪些裝置與材料。另外，本書還會盡可能以最淺顯易懂的方

式，說明各產業的代表性廠商、營收、受矚目的企業等。

即使有著上述目標，也不曉得筆者能做到什麼程度。但如果各位讀者能在讀完本書後，對半導體更有親近感，看到相關資訊時，會產生「啊，原來是這樣」的共鳴，或者在實務層面上幫助到各位，那就太好了。對筆者而言，沒有比這更棒的事。

最後，在筆者執筆本書期間，松田葉子小姐一直在身旁提供溫暖的關照與鼓勵，在此表達感謝之意。

菊地正典

目錄

第一章 影響全球環境的半導體，以及半導體產業的整體樣貌

第二章 從半導體製程到相關業界的整理

第三章 各業界的業務內容與代表性廠商

第四章 回過頭來，半導體到底是什麼？

第五章 半導體會用在哪些地方？有什麼功能？

第六章

未來的半導體與半導體產業的展望

第一章

影響全球環境的半導體，以及半導體產業的整體樣貌

Section 01

半導體不足的現象與原因

半導體不足，交貨時間也會延後？

在二〇二〇年有段時期的電視新聞、報紙、雜誌上，「半導體」一詞出現的頻率相當高。因為半導體其時正處於短缺窘境，這除了會影響到經濟層面、產業活動，也會對人們的日常生活造成嚴重影響——所以半導體開始獲得大量的關注。

舉例來說，或許您也曾聽過「我想買部新車，但銷售員說現在半導體短缺，即使再過幾個月，都不確定能不能交車」「熱水器壞掉，急須換新，但因為半導體短缺而難以取得新品」之類的對話。

在碰到這些事之後，過去認為半導體與自己無關的人們，開始覺得這是與自己切身相關的問題。或者他們可能會想問：「最近一直聽到半導體、半導體，好像是什麼大新聞一樣。到底什麼是半導體啊？」之類的基本問題。

總之，人們開始意識到半導體的存在，這點對一直以來都處於半導體產業中的筆者而言，自然是相當開心。但另一方面，半導體短缺也確實造成了一般民眾的困擾，讓筆者感到抱歉。

話說回來，造成這種半導體短缺現象的真正原因究竟是什麼呢？若深究這個問題會發現，半導體短缺的原因並不單純，就像您在許多地方聽到的答案一樣。簡單來說，這個問題的背後有著由社會因素、經濟因素、政治因素彼此交錯形成的複雜背景。

這裡讓我們簡單說明一下這些因素的概要（圖1-1-1）。

圖1-1-1　半導體不足的原因

社會因素

新冠疫情以前（～2020春）	移動通訊系統迅速轉移至5G 一般市場持續數位化
新冠疫情以後（2020春～）	在家工作、遠端工作、在家時間拉長，改變生活型態 ⬇ 個人電腦、智慧型手機、遊戲機的需求增加
2021年2月中旬	美國德州奧斯汀的寒流導致電力供應中斷 ⬇ 當地半導體工廠停止生產數週以上
2021年2月	臺灣嚴重缺水 ⬇ 臺灣晶片代工廠減產
2021年3月	茨城縣常陸那珂市的瑞薩半導體工廠火災 ⬇ 停止生產3個月以上
2021年4、5月	臺灣發電廠事故導致電力供應不足

經濟因素

新冠疫情以前（～2020春）	轉移至5G、雲端運算普及、數位化持續進展 ⬇ 半導體需求＞供給
新冠疫情以後（2020春～）	筆記型電腦、遊戲機等需要電池的電子機械需求增加 ⬇ 電源管理IC不足
	個人電腦、電視等顯示器的需求增加 ⬇ 驅動IC不足
	工廠的工作時間縮短、停止，物流停滯等 ⬇ 半導體供應鏈混亂
	2020年，汽車需求史上首次降低 ⬇ 車用半導體等較成熟的生產線，轉而生產家電用半導體 ⬇ 2020年秋季以後，汽車市場急速恢復，反而使車用半導體（MCU等）陷入短缺。進入2021年後，各汽車廠生自行減產或者停止生產

政治因素

2018年8月	華為（中國）的CTO於加拿大遭逮捕
2020年8月	加強針對華為的貿易制裁 ⬇ 半導體、相關材料的來源完全斷絕
2020年12月	中國晶片代工企業的半導體製造用設備遭禁止輸入 新冠疫情導致中國深圳市貨櫃船港口封閉 ⬇ 半導體供應鏈斷鏈

社會因素——5G、DX浪潮

首先要指出的因素是「二〇二〇年春天起，新冠疫情開始產生顯著影響」。不過，其實在這之前，半導體就已出現短缺狀況。因為社會大眾迅速升級到第5世代移動通訊系統（5G），一般市場的DX（digital transformation，數位化轉型）也在進展中，使做為兩者核心的半導體出現短缺狀況。

而因為新冠疫情，在家工作或遠端工作迅速普及、擴大，一般社會大眾也開始長時間在家，造成生活型態改變，使個人電腦、智慧型手機、遊戲機等電子產品的需求逐漸攀升，這就是為什麼我們說「新冠疫情是主因之一」。

然而禍不單行。此時發生於世界各地的天災、半導體工廠事故，使半導體不足的問題變得更為嚴峻。

二〇二一年二月中旬，美國德州奧斯汀遭強烈寒流襲擊，電力供應斷絕。韓國三星電子、荷蘭NXP、德國英飛凌科技在當地的半導體工廠不得不停止生產數週以上。

在日本，二〇二一年三月，茨城縣常陸那珂市的瑞薩半導體（瑞薩電子的生產子公司）N3廠（三〇〇mm或十二吋晶圓產線）發生火災，產線停擺了三個月以上。這個產線主要生產車用微控制器（MCU，micro control unit）。故此次火災事故對車廠的供應鏈造成了嚴重影響。

而在臺灣，二〇二一年二月遭遇了嚴重的缺水問題，使被視為全球半導體供應基地的臺灣大廠如台積電、聯電、世界先進不得不減產。而且在隨後的四月至五月間，發電廠事故還造成了電力供應不足等問題。

經濟因素——需求與供給的失衡

半導體不足，就表示「半導體的需求大於供給」。事實上，在新冠疫情惡化之前，半導體便已有供需失衡的問題。

原因包括智慧型手機大量升級至5G系統、雲端運算普及、數位化持續進展等趨勢。

而在新冠疫情發生後，半導體產品中的「電源管理IC」需求加速擴大。這是筆記型電腦、攜帶型遊戲機等小型、由電池供電的電子產品必備的IC。

再來，自二〇二〇年春天起，可觀察到「驅動IC」的供應逐漸吃緊。這是驅動個人電腦、液晶電視、OLED顯示器等裝置之像素的半導體產品。

另一方面，半導體供應情況緊張的原因，還包括新冠疫情造成的工廠減產或停產，以及物流停滯導致難以取得必要材料，使半導體市場的供應鏈陷入混亂。以上都為半導體供應方蒙上了一層灰暗的陰影。

另外，二〇二〇年初以前，車用半導體的需求下降。原本用於生產車用半導體，偏向「**成熟技術**」（非最先進的技術，而是一段時間以前的技術）的產線，多改用來生產家電用半導體。而在二〇二〇年秋天以後，汽車市場急速回復，使用於控制汽車引擎的MCU（微控制器）等半導體陷入嚴重短缺。因此二〇二一年一月時，各家汽車廠商紛紛減產或停業。

政治要素——美中摩擦

氣氛詭譎的美中貿易戰持續進行中。二〇一八年八月發生了一件極具衝擊性的事件，中國通訊裝置供應商華為（世界第二大智慧型手機廠商）的CTO在加拿大遭逮捕。

華為的5G通訊技術走在世界尖端，旗下有**無廠半導體公司**海思半導體（HiSilicon），除了半導體，也在開發人工智慧（AI）與雲端運算。然而，華為與中國政府的關係緊密，許多人懷疑中國政府會利用隱藏在華為裝置內的「**後門程式**」，竊取用戶機密。

美國在二〇二〇年八月，為了強化對華為的貿易制裁，完全禁止相關廠商銷售半導體與零件給華為。華為通常會委託臺灣的**晶片代工廠**「台積電」製造由海思半導體設計的半導體。而在二〇二〇年十二月，美國對中國的晶片代工廠中芯國際、武漢弘芯發動貿易制裁，禁止相關廠商銷售半導體製造設備給這些公司。加上後來中國深圳市的港口封閉，使半導體相關供應鏈出現短期斷鏈狀況。

Section 02

半導體不足所造成的影響有多嚴重？

半導體有「產業食糧」之稱，會使用在各種工業用、民生用的機器上，譬如車輛、電腦、洗衣機、冰箱等等。甚至可以說，現在只要多少有點判斷能力的機器，「一定」都搭載了半導體，或許「要找一個不含半導體的機器還比較困難」。

本節讓我們來看看，半導體不足，對哪些領域或產品造成的影響特別嚴重（圖1-2-1）。

對汽車、家電造成了嚴重影響

汽車產業受到的影響最大。最近的汽車搭載了各式各樣的半導體，甚至有人稱它為「會跑的半導體」。有人認為，汽車的製造成本中，半導體成本的占比已成長到百分之十以上。

其中，用於「控制引擎」的核心半導體——微控制器（ＭＣＵ）的不足，使全球汽車製造商遭受嚴重打擊，不得不減產或停產。因此，新車銷售量也跟著減少、新車交貨期拉長，隨之而來的是中古車的不足與價格攀升。

不只汽車產業，家電產品也受到很大影響。冰箱、洗衣機、電子鍋、微波爐等「白色家電」，以及電視、錄放影機等常以黑色塗裝的「黑色家電」都出現缺貨情況，陷入購入困難與交貨時間拉長的困境。

其他像是與生活、生存直接相關的電器，也變得難以入手或修繕，譬如熱水器、空調、ＩＨ調理器、附監視器的對講機等。

圖1-2-1　半導體不足造成的影響

汽車	被稱做「會跑的半導體」，搭載了許多各式各樣的半導體。然而其核心的半導體，微控制器（MCU）出現短缺。 ⬇ 減產或停產 ⬇ 新車銷售量減少、交車期拉長、中古車不足、價格上升
家電	白色家電（冰箱、洗衣機、電子鍋、微波爐……）與黑色家電（電視、錄放影機……）缺貨 ⬇ 影響到生活方便性、舒適性
	熱水器、空調、IH調理器、附監視器的對講機……等的不足 ⬇ 對生活、生存產生影響
	個人電腦、家用印表機、平板裝置、遊戲機……等的不足 ⬇ 在家工作與遠端工作的普及，使在家時間拉長，影響到生活型態
醫療	影像感測器等半導體的不足 ⬇ 對內視鏡等各種醫療器材、醫療系統造成負面影響
社會基礎建設	對網路、銀行ATM、公共交通路網……等造成影響
整體產業界	包含以上內容在內，對許多產業界造成了嚴重負面影響 使半導體更加不足 ⬇ 半導體製造設備的不足，使半導體產量進一步降低，形成惡性循環

基本上，家電所使用的半導體都不是用最先進技術製作的產品，而是前一代或前兩代的「成熟製程」半導體。沒想到連這樣的產品都會出現缺口，這可以說是出乎了家電與半導體廠商的意料之外。

半導體不足導致「半導體製造設備不足」，形成惡性循環

新冠疫情使在家工作或遠端工作的人數遽增，隔離情況（限制旅行或外出）也隨之增加，造成個人電腦、家用印表機、平板裝置、遊戲機的需求大幅增加。

在醫療領域，內視鏡等醫療器材所使用的半導體（影像感測器）出現了不足，其他醫療機器、醫療系統也受到了負面影響。

社會基礎建設中的網路、銀行ATM、公共交通網等，也因為半導體不足而受到了不小影響。

諷刺的是，「半導體不足會導致半導體製造設備的不足，而製造設備的不足又會導

致半導體產品不足」，形成了惡性循環。

綜上所述，半導體不足不只會影響到所有人每天生活的方便性、舒適性、娛樂性，還可能危及安全與生命，可以說是相當嚴重的問題。

在一分調查結果中詢問了一一五家製造業廠商，有八十六家廠商回答「半導體不足，對我們公司的生產，以及商品、服務的供應造成了負面影響」（帝國Databank「上市公司『半導體不足』的影響、應對調查」，二〇二一年八月）。

半導體不足不只會影響到人們的生活，還會使企業的生產活動陷入窘境。

半導體不足的恢復狀況仍「未趨一致」

二〇二〇下半年開始的「半導體不足」，會持續到什麼時候呢？

我執筆本書的時間點為二〇二二年十二月。畢竟也過了兩年，現在的狀況已不像當年如此嚴峻。然而主流媒體卻指出，手機、汽車、部分家電產品所使用的半導體仍有不足情況。

那麼，這種半導體不足的情況，究竟何時才會解除呢？關於這點，坊間有著各式各樣的意見、看法、猜測。有人認為「二〇二三年中就會恢復」，也有人認為「會持續到二〇二四年」。

我自己覺得，供需平衡的恢復狀況或許「未趨一致」。也就是說，使用先進製程的半導體，與使用成熟製程的半導體，恢復狀況有落差；新應用領域的半導體，與傳統應用領域的半導體，恢復狀況也有落差。不同領域的半導體，恢復狀況並不一致。

具體來說，我認為先進製程的半導體在二〇二四年以後才會恢復。這些先進製程半導體，多應用在新的領域，包過EV（電動車）、自動駕駛汽車、IoT、AI（人工智慧）、AR／VR、元宇宙、通訊基礎建設（5B、B5G：Beyond 5G）等。製造這些產品的主要半導體廠商在二〇二〇年以後，才開始投資建構生產線。而這些生產線正式量產，使最先進的半導體加入市場供給，應該是二〇二四年以後的事了。

另一方面，不屬於先進製程的成熟製程，以及其衍生的半導體產品領域，多應用在傳統汽車、家電產品、行動裝置、資料中心、DX（數位化轉型）。除了少數領域，這些產品的市場都在擴張，半導體的需求也跟著增加。

再加上美中對立、俄烏戰爭等不穩定的政治經濟情勢，使確立、確保戰爭用半導體的供應鏈成為了優先事項。

另一個須同時納入考量的是，成熟製程的半導體產品，淨利率比先進製程半導體還要低。因此，製造商會猶豫是否要投入大筆資源在成熟製程上。除此之外，智慧型手機等產品在新冠疫情與通貨膨脹的影響下，換機需求有所變化，這也會是判斷未來供需變動的重要因素。

因此，不同領域的半導體產品，恢復程度「並不一致」。有些半導體在相對短期內，譬如在二〇二二年中便能達到供需平衡；有些半導體在二〇二四年以前，供給一直都追不上需求。我認為這些情況會同時存在。

從二〇二〇年初到二〇二二年發生的極端性半導體不足，在二〇二二年中期之後，風向會逐漸轉變。在進行本書校對工作的時候（二〇二二年十二月上旬），除了車用半導體與功率半導體之外，在庫存調整與部分產品的市場擴張等影響下，一般半導體的供需失衡已漸漸消除。

由ＷＳＴＳ（世界半導體市場統計）與美國高德納顧問公司等調查機構的預測，比起前一年，二〇二二年度的半導體市場將會成長四・四％，比以前的預測數字還要低。特別是相對於美國、歐洲、日本的一〇～十七％成長率，占了近六〇％市場之亞太地區的成長率僅有二％左右。另一方面，關於二〇二三年度，因受到上半年庫存調整的影響，預測的成長率為負三・六％。

不過筆者認為，二〇二三年的下半年到二〇二四年，隨著ＤＸ、ＡＩ的發展、ＩｏＴ的普及、節能產品的加入，本書第六章會提到的新市場建立等背景之下，市場情況應會大幅好轉。

另外，這種半導體的供給不足，或是供給過多的問題，並不是二〇二〇年～二〇二二年才發生的特殊情況，甚至可以說是過去以來就反覆發生在半導體業界的問題。

這裡我們介紹了二〇二二年發生的事情。若未來也發生了相同的問題，以上討論或許能幫助各位更快掌握狀況，並曉得如何應對。若是如此，那就太棒了。

Section 03

半導體產業的發展回顧

本節讓我們回顧「全球半導體市場變化」，以瞭解過去半導體產業走過的路。

規模超越了汽車產業

圖1-3-1為一九八五年到二〇二一年各年的全球半導體市場規模變化。由圖中可以看出，全球半導體市場在短期內可能有些微波動，不過整體而言，大致上都維持著成長趨勢。到了二〇二一年，半導體市場已成長到了五五二九億美元（五十八兆日圓），是個相當龐大的市場。

這個數字已略為超過汽車業市場規模。由半導體並非最終產品（而是零件）的角度來看，可以看出半導體是多麼龐大的產業。

圖1-3-1　全球半導體市場規模變化

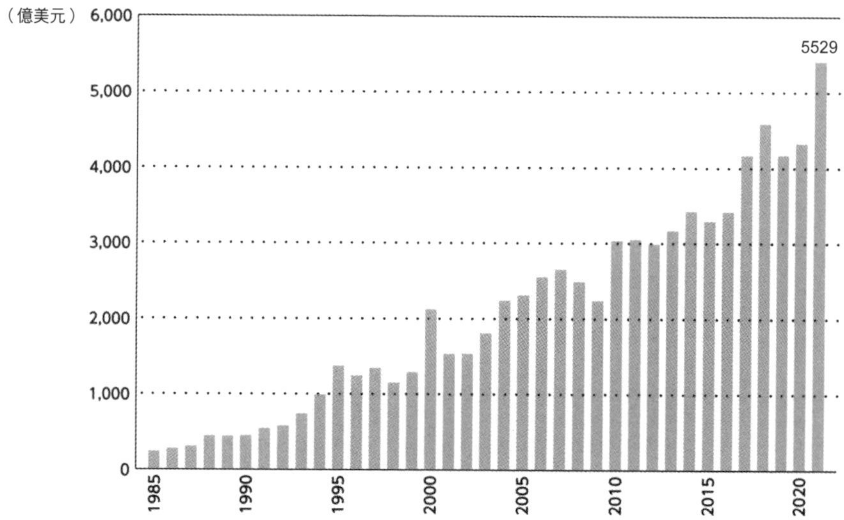

出處：參考Omdia data

圖1-3-2　半導體市場中各類產品的占比

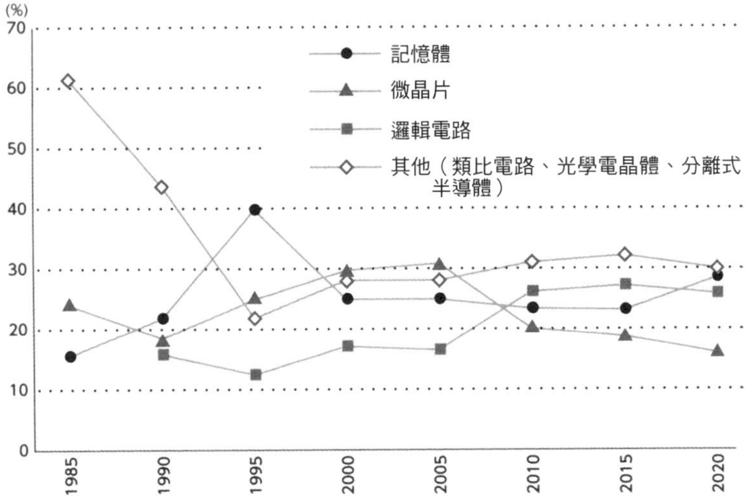

出處：WSTS

記憶體市場急速擴大

若將半導體市場依產品分類，可得到圖1-3-2。這張圖是一九八五年到二〇二〇年期間，記憶體、微晶片、邏輯電路、其他（類比電路、光學電晶體、分離式半導體）的比例。

一九八五年到一九九五年的十年間，「其他」從六〇％減少到二〇％，相對的，記憶體則從十五％大幅增加到了四〇％。

而在二〇〇〇年以後，記憶體與其他半導體並無大幅改變，微晶片逐漸減少，邏輯電路逐漸增加。

「其他」半導體看似減少了，這是因為這張圖顯示的是各類產品的比例，而非產品的絕對數量。因此當整個市場規模擴大，成長率較小的產品，占比就會變小。

另一方面，記憶體的成長是因為圖像（特別是影片）等資料需要大量記憶體容量，且非揮發性記憶體中的快閃記憶體（特別是NAND快閃記憶體）需求急速擴大。

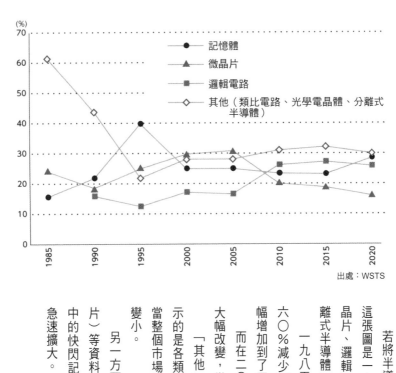

Section 04

徹底分析「日本半導體廠的凋零原因」

已消逝的日之丸半導體榮光

在半導體市場全球化的過程中，日本的半導體產業又走過了什麼樣的路呢？圖1-4-1顯示了一九九〇年到二〇二〇年的期間，不同地區在全球半導體市場的占比。

首先把焦點放在日本上。一九九〇年時，日本的市占率達四十九%，幾乎占了全球一半市場。之後卻如滾下山坡般迅速下降，到了二〇二〇年時，只剩下六%。而且這種趨勢看來並未停止。

亞太地區則與此相反。一九九〇年時，亞太地區的市占率只有四%，到了二〇二〇年時卻成長到了三十三%，可以說是持續急速上升。在這段期間內，美國從三十八%穩健成長到五十五%，歐洲則從九%

圖1-4-1　不同地區在全球半導體市場的占比（以總公司所在地為準）

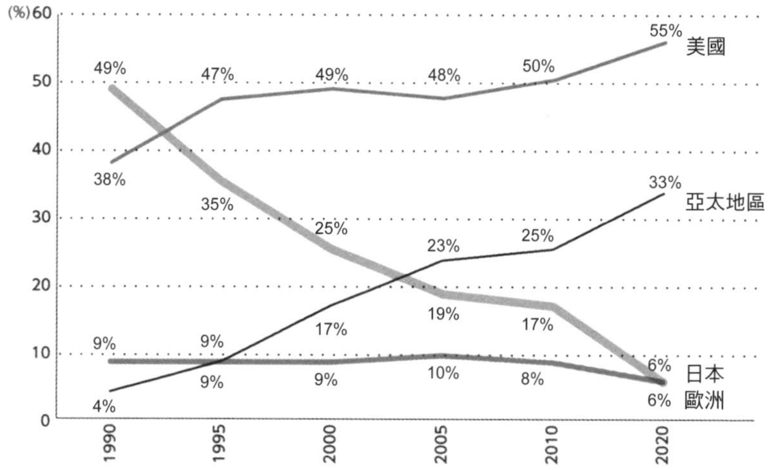

出處：IC Insight

圖1-4-2　半導體廠生的營收排名

套色網底者為日本企業

排名	1992年	2001年	2011年	2019年	2021年
1	英特爾（美）	英特爾	英特爾	英特爾	三星電子
2	NEC（日）	意法半導體（瑞士）	三星電子	三星電子	英特爾
3	東芝（日）	東芝	德州儀器	SK海力士	SK海力士
4	摩托羅拉（美）	德州儀器	東芝	美光	美光
5	日立（日）	三星電子（韓）	瑞薩（日）	博通	高通
6	德州儀器（美）	摩托羅拉	高通（美）	高通	博通
7	富士通（日）	NEC	意法半導體	德州儀器	德州儀器
8	三菱（日）	英飛凌（德）	SK海力士（韓）	意法半導體	英飛凌
9	飛利浦（荷）	飛利浦	美光（美）	鎧俠（日）	意法半導體
10	松下（日）	三菱	博通（美）	恩智浦（荷）	鎧俠（日）

出處：IC Insights、iSuppli

減少到六%，呈現出減少趨勢。

圖1-4-2為一九九二年到二〇二一年間，其中五年的半導體廠商營收排名（前十）變化。

一九九二年的世界前十中，日本廠商占了六家。到了二〇〇一年時剩三家，二〇一一年時剩兩家，二〇一九年到二〇二一年間，則只剩一家。

在這段期間內，美國不只從三家增加至五家，英特爾一貫的高競爭力、二〇〇一年後新廠商的崛起，以及這些廠商的成長率都十分亮眼。而在二〇〇一年後，韓國三星電子與SK海力士的地位持續上升，到了二〇二一年，三星甚至超越了英特爾，成為全球第一的半導體企業。

由這些資料可以看出，一九八〇年代以前的半導體世界中，日本企業以「日之丸半導體」之名席捲全球，傅高義也曾說過「Japan as number one」，現在卻已不見當年榮光。對日本而言，這正是所謂的「失落的三十年」。

在這三十年間，日本的半導體廠商以不忍直視的速率迅速凋零，原因究竟為何呢？若希望日本的半導體企業復活，首先就要找出產業凋零的「原因」。

歸根究柢，為什麼須要保持「遙遙領先的地位」？

不過，在這之前，先讓我們來看看為什麼日本的半導體廠商過去可以攻占全球市場的五〇％，在ＤＲＡＭ方面甚至有七十五％的市占率。

半導體技術從電晶體進步到積體電路（ＩＣ：Integrated Circuit），再進步到大型積體電路（ＬＳＩ：Large Scale Integration）。計算機是推動這個過程的應用產品之一。從一九六〇年代後半到一九七〇年代前半，曾發生過一個名為計算機戰爭的激烈開發競爭，這場戰爭催生出了英特爾的微處理器４００４。

在一九七三年到一九七四年間，ＩＢＭ發表了名為未來系統的次世代電腦系統研究開發計畫。若要實現這個計畫，需要ＬＳＩ技術的劃世代革新。

受到這個計畫刺激而開始緊張起來的日本半導體廠商與日本政府「通商產業省」（現在的「經濟產業省」），於一九七六年建立了官民合作的超ＬＳＩ技術研究聯盟，欲在一九八〇年以前的四年內，以確立ＶＬＳＩ（Very Large Scale Integration，超大型積體電路）製造技術為目標，制定技術路線圖，並持續推動製造設備的國產化。

這個活動的成果獲得了各式的評價，但任何人都無法否認，ＥＢ直接寫入設備（以電子束直接寫入的設備）與步進式曝光機（縮小投影曝光裝置）量產化的成功，成為了後來ＬＳＩ技術進步的主要原動力。

強制從事無用之功的工作現場

在這樣的背景下，筆者所屬的ＮＥＣ熊本工廠（當時為世界最大的半導體工廠）內，女性技術員結成了小團隊，進行由下而上的品管小組活動，徹底調查塵埃來源，並自發性地在製造現場進行品質管理，還發起了由上而下的ＺＤ（零缺陷）活動、頗具日本人細膩風格的「良率提升」活動等等，致力於改善、提升生產活動。

ＤＲＡＭ（記憶體）為當時的主力產品，生產量大，被視為標準品。在與半導體有關的「how to make」方面，日本擁有世界頂尖的經驗與知識。

然而，如同先前提到的，日本的半導體產業在一九九〇年時達到頂峰，後來便一路衰退至今，原因有許多面向。

首先，一九八五年，日美政府啟動協議，於一九八六年簽訂《日美半導體協定》。

這個持續了十年的協定中，包含了許多批評日本半導體產業的內容。譬如協定中懷疑，日本之所以能在DRAM市場有壓倒性的市占率「難道不是因為故意廉價傾銷嗎？」並提到「價格應由美國政府決定」等不合理的內容。

這個協定對日本的企業造成了什麼影響呢？兩國政府要求半導體廠商提出半導體產品的成本資料，也就是計算所謂的FMV（Fair Market Value，公平市場價格）。筆者等人在結束一天工作後，必須提出「製造該DRAM花費了多少時間」的報告。

然而，在半導體工廠內，同一條產線會用來製造多種不同產品，所以必須依照不同產品所使用的設備、材料、人事費比例，計算花費的時間（賦課率）。

還有一件事，就是協定中規定「外國製半導體在日本市場的比例，須從當前的一〇%左右，倍增至二〇%」。這表示，日本有義務購買外國半導體。

被迫吞下這種不平等協定的日本半導體產業，無疑承受了直接傷害。這樣的陰影對日本政府往後制定的半導體產業政策產生了巨大的負面影響。

另一方面，在韓國、臺灣，以及近年來的中國，政府則紛紛出手保護，使這些國家的半導體產業大幅成長。後來日本雖然也有一些官民合作計畫，但並沒有達到國家支援的規模，使日本的半導體產業難以復活。

毫無逆勢操作的概念，被公司其他部門當作「肥貓」

第二個原因是日本的半導體大廠，皆以綜合電子機械廠商之某個部門的形式存在。半導體部門在公司中為「新加入者」的角色。精通半導體事業的管理階層相當少，難以做出迅速且大膽的決定。

半導體事業的經營中，碰上不景氣時須大筆投資，使公司能在景氣恢復時一舉提高營收，就像股票買賣的「逆勢操作」策略一樣。然而，不懂半導體事業的管理階層難以達到共識，其他部門的員工還揶揄半導體部門是「肥貓」。

在這方面，韓國與臺灣等國家的半導體企業，管理階層都是精通半導體業務、富挑戰精神的人，能訂出精準的戰略。

第三個原因則是一九九〇年代以後，半導體技術急速進步，使相關產業須投入龐大資金在製造LSI的工廠、設備上，追求最尖端的製造技術。因此，從過去的IDM（整合元件製造商）轉為晶片代工廠的分工趨勢也逐漸明朗。日本的IDM廠沒有跟上這個趨勢，也是半導體產業沒落的原因之一。

與其說日本慢了一步，不如說日本「沒有理解」到半導體產業的新動態，仍固守於過去的觀念。

第四個原因是，面對半導體產業的沒落，日本政府出手整頓業界的時機過晚，最後只勉強得到了一個「弱者聯盟」。由NEC與日立的DRAM部門合併而成的爾必達記憶體，於二〇一二年申請公司重組，並於二〇一三年成為美國美光科技的完全子公司。如果在合併當初納入東芝的DRAM與快閃記憶體部門，或許能得到完全不一樣的結果。

沒有獨一無二的產品

第五個原因是，在半導體產業中，擁有多種業界標準產品是一件非常重要的事。日本半導體廠商在邏輯電路、SOC等產品中沒有推出業界標準產品。原因有很多，譬如系統到LSI的整體沒落、軟體與硬體的協調設計，以及EDA工具的應用出現問題等。

日本半導體廠商一開始仰賴自家開發的EDA工具，後來卻被有許多用戶、頻繁改善的EDA工具專業開發商的產品取代，使日本半導體廠商在數位產業的發展過程中，無法製造出大量可做為業界標準的尖端產品。

到了二〇二二年，仍活躍於市場上的日本半導體廠商**鎧俠**（二〇一七年自東芝分出）的**NAND快閃記憶體**、索尼的**影像感測器**等，都有推出業界標準產品。瑞薩電子的產品雖然還不到業界標準，但是也在車用半導體的領域中，推出了不少低耗電量的微控制器。

why to make?

日本人的溫和性格或許也是一個原因。相較於歐美人，日本人較偏向草食系。在商業領域獲得成功後，不會繼續貪圖更多利益，而是傾向安於當下。

筆者曾任職過的NEC在讓出半導體產業世界第一寶座時，高層並沒有表現出悔悟或再起的決心，而是淡然接受事實。

另外，半導體產業的發展軸心為**「how to make」**（如何製作），到**「what to make」**（製作什麼），再來是**「why to make」**（為何製作）。我認為，在這個過程中，日本半導體廠商（包含電子產業界）缺乏遠見與展望。

圖1-4-3　半導體產業的發展軸心變化

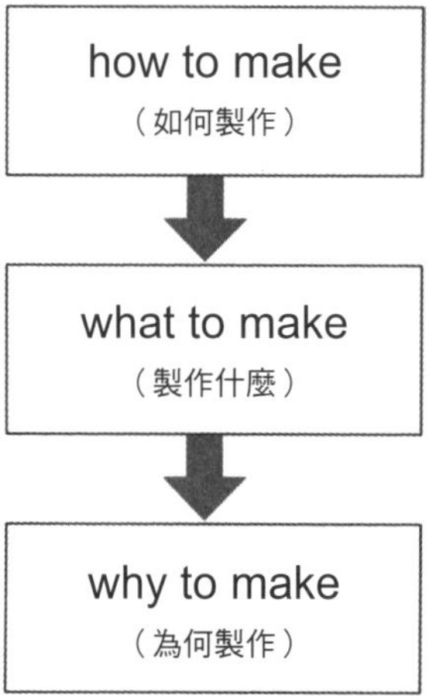

Section 05

為什麼日本在製造設備廠與材料廠仍占有一席之地？

日本仍存在發展良好的「半導體產業」？

前一節中，我們提到了「讓人遺憾的日本半導體廠商」。事實上，同樣是半導體產業，在

- 半導體的「製造設備業界」
- 半導體的「材料業界」

這兩個領域中，卻有著截然不同的狀況。

在全球製造設備業界與材料業界這兩個領域中，日本都占有一席之地。以下讓我們看看製造設備業界的狀況。

上游與下游的差異

圖1-5-1為二〇〇五年到二〇二〇年，全球半導體製造設備領域中，營收排行前十的廠商變化。

由這張圖可以看出，二〇〇五年時，日本有五家半導體製造設備廠在榜上；二〇〇九年與二〇二〇年仍有四家在榜上奮鬥。若不計荷蘭的艾司摩爾與ASM國際，榜上廠商中，日美各占一半，且各個都是老面孔。

日本半導體廠商大多凋零，但半導體產業中的「設備廠」卻仍占有一席之地。為什麼會這樣呢？

首先要說的是「魔鬼藏在細節裡」。這句話有很多種解釋方式，簡單來說，在半導體產業中，越往下游的產業，需要越多實際經驗，以及透過嘗試錯誤得到的knowhow。所以後來成立的廠商，通常難以追上早先成立的廠商。現實中有許多例子可以證實這點。

圖1-5-1 半導體製造設備場營收排名變化（TOP10）

套色網底者為日本企業

排名	2005年	2009年	2020年
1	應用材料（美）	艾司摩爾	應用材料
2	東京威力科創（日）	應用材料	艾司摩爾
3	艾司摩爾（荷）	東京威力科創	科林研發
4	科磊（美）	科磊	東京威力科創
5	科林研發（美）	科林研發	科磊
6	愛德萬測試（日）	SCREEN	愛德萬測試
7	尼康（日）	尼康	SCREEN
8	諾發（美）	愛德萬測試	泰瑞達（美）
9	SCREEN（日）	ASM國際（荷）	日立先端科技（日）
10	佳能（日）	諾發	ASM國際

出處：VLSI Research

因此，半導體廠商在採購製造設備時，一般會選擇採購過去已習慣使用的既有設備廠產品，而不是冒險採購新設備廠製造出來的產品。

半導體業界中，開發「半導體設備」的工作正是「how to make」的領域，要製作的產品基本上已經確定。所以這種製造設備產業的工作，或許相當適合心理細膩、重視細節的日本人或日本企業。

製造設備業界的競爭現在才正式開始

半導體產業的新進國家，如韓國、臺灣、中國等，在進入半導體產業時，會從市場規模較大，戰略上、系統上較容易進入的上游元件製造業界開始。

到了他們在半導體產業的上游占有一席之地的現在，自然會覺得「再來要把目標轉向設備業界與材料業界」。在數個設備領域中，已出現了這樣的徵兆。

為了不要重蹈半導體、顯示器產業的覆轍，希望日本的設備廠、材料廠可以再繼續努力下去。

Section 06

瞄準備受期待的「新半導體市場」！

一般預測，半導體市場在二〇二〇年起的十年內，會擴大至兩倍，規模達九千億美元（九十五兆日圓）。在這個急遽擴大的半導體市場中，究竟有哪些半導體產品的需求會大幅增加呢？以下讓我們來看看幾個可能的候選產品。

「DX」進一步推動了半導體需求

目前，個人生活、社會生活、產業用途等各個領域，都隨著**DX**（數位化轉型）的進展而大幅改變。

這個趨勢未來會逐漸加速。同時，傳統型半導體的需求也會隨之增加。舉例來說，為了流通、處理、儲存更多資料，雲端設備與資料中心所使用的現有半導體，或者是它們的進化版，需求想必也會跟著增加

圖1-6-1　資料中心對半導體的需求增加

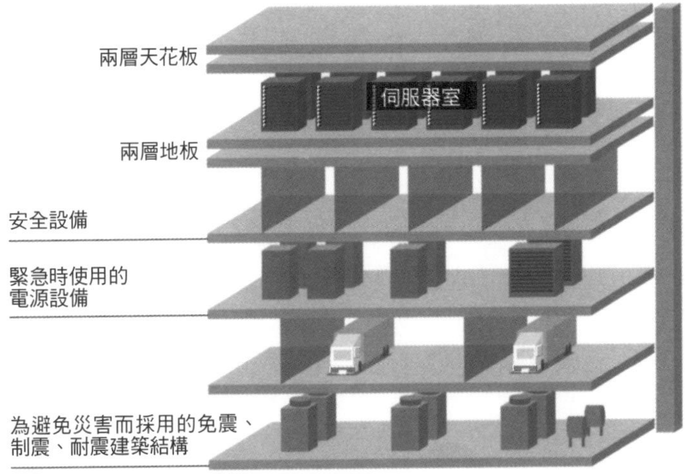

（圖1-6-1）。

「元宇宙」與現實的融合

未來，隨著AR／VR技術的發展，人們得以體驗到與現實世界不同的三維虛構空間，也就是所謂的「元宇宙」。元宇宙與現實空間的融合，可以激發出各式各樣的火花，改變每個人的行動、思考，以至於生活型態。而實現元宇宙的AR／VR技術，便須要融合先進的半導體微小化技術，以及超高解析度的顯示技術，開發出能將半導體與顯示器一體化的新型元件。

即時進行「自動駕駛」的條件

目前日本將自動駕駛分成5個等級（國土交通省資料）。等級1為簡單的駕駛輔助，等級2為特定條件下的部分自動駕駛，等級3為特定條件下的自動駕駛，等級4為特定條件下的完全自動駕駛，等級5則是完全自動駕駛。

目前開發出來的自動駕駛車位於等級2到等級3之間。若要在未來五到十年內，發展出等級3、4、5的自動駕駛車，就必須提升自動駕駛的方便性、舒適性、安全性。自動駕駛車須在瞬息萬變的道路環境中，即時蒐集、處理各式各樣的資訊，迅速做出最恰當的判斷，反映在駕駛上。

為了做到這些，須建設5G（第五代行動通訊技術）或者效能更好的B5G（beyond 5G）等高速大容量通訊網，並提升各種感應器半導體、資訊處理半導體的性能。

擴大中的「IoT技術」

未來，IoT（Internet of Things，物聯網）技術很可能會普及、擴張到社會上的每個地方。

於此同時，新型半導體感測器、無人機、機器人使用的半導體需求想必也會跟著提升。為了蒐集、處理、保存大量資料，各家公司不僅須擴充網路上的資料中心，還要設法增加**邊緣運算**，也就是將伺服器分散配置在靠近裝置的地方，盡可能在裝置附近（邊緣）處理資訊，處理不完的資訊再上傳到網路上，以降低上位系統的負荷，提升處理速度與處理效率。因此，新型半導體的需求會持續被推升（圖1-6-2）。

圖1-6-2　IoT的邊緣運算

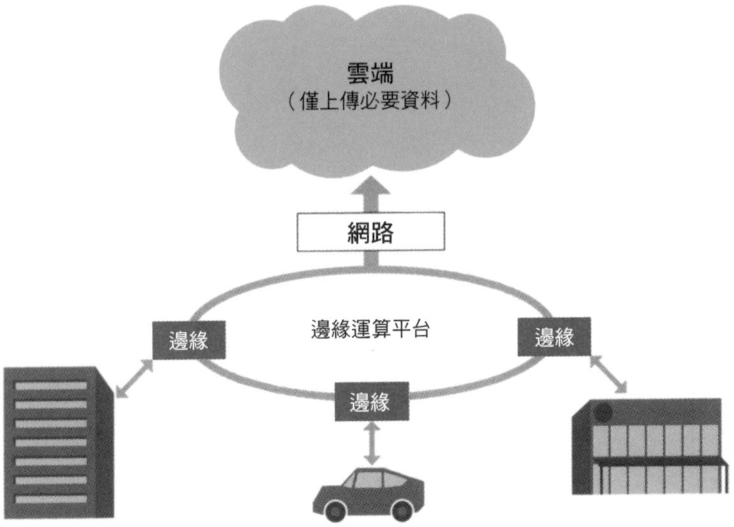

「AI」（人工智慧）需要高性能晶片

近年來，包含醫療、社福、娛樂在內，產業與生活的各個領域皆引入了AI（人工智慧）技術，並持續擴大、改善。特別是在引入深度學習後，已有超越人類智能的AI出現。那麼未來人類還能做什麼呢？相關討論也在增加中。

一九五六年起，人們開始認真研究AI，一開始的研究主題是「如何以人工方式實現人類的智慧」。AI在一九七〇年代出現第一次熱潮，一九八〇年代出現第二次熱潮，二〇〇六年以後至今則是第三次熱潮。

在這段期間內，AI有許多變革、改善、突破。現在提到AI時，會分成不同層次討論。不同層次的AI，使用方法與概念也不一樣，如圖1-6-3所示。

這裡的機器學習（machine learning）是讓電腦經過「監督式」或「非監督式」的機械式反覆學習，最後學會如何執行某種任務。因此，學習的基準（規則）由人類賦予，機器則遵從這個規則，為事物做出最適當的分類、識別、預測、判斷等智慧性的行動。

圖1-6-3　AI的概念

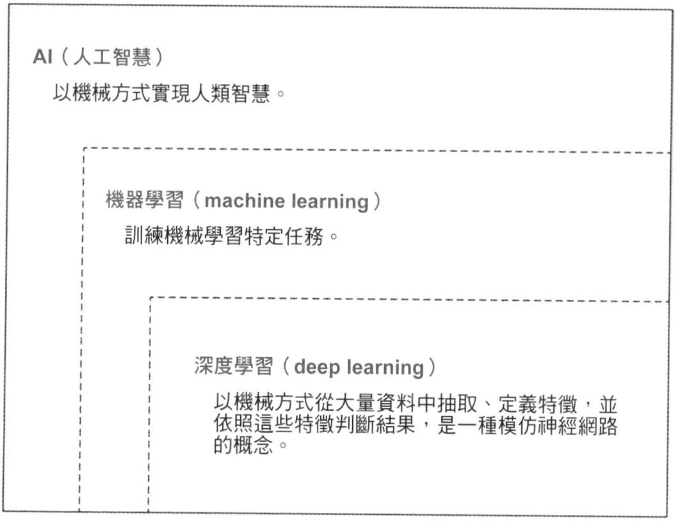
AI（人工智慧）
以機械方式實現人類智慧。
機器學習（machine learning）
訓練機械學習特定任務。
深度學習（deep learning）
以機械方式從大量資料中抽取、定義特徵，並依照這些特徵判斷結果，是一種模仿神經網路的概念。

另一方面，**深度學習（deep learning）**則是模仿人類神經網路的功能，輸入大量資料，由機器自動定義資料的特徵，再依照這些特徵自行做出判斷。也就是說，判斷基準（規則）並非由人類賦予，而是由機器自行設定。因此，在許多深度學習的例子中，人類並不曉得「為什麼機器會這樣判斷」。不過單從結果來看，有時候不得不承認，機器的判斷結果比人類還要適當。

隨著深度學習的問世，以及高性能電腦技術的發展，AI已進化成名副其實的「人工智慧」，現在已經可以在許多領域中輔助人類的活動，甚至凌駕人類的表現。

支撐AI進化的源頭，就是半導體技術的進步，以及電腦技術的進步。因此，AI的發展需要更高性能的半導體晶片。同時，相對於目前的左腦式電腦，未來人們將試著開發在硬體上模仿神經網路的新型神經網路晶片半導體，使其以右腦式的方式工作，並投入應用。

Section 07

半導體產業的整體樣貌圖解

半導體產業中有各式各樣的領域，是範圍相當廣的產業。所以，要掌握半導體產業的整體樣貌，並不是件容易的事。本節將用盡可能簡潔的圖解方式說明「半導體產業的整體樣貌」。

本章描述的各個項目，在第三章中將再次詳細說明，這裡只要先概略掌握整體樣貌就可以了。

ＩＤＭ——從設計、製造到販賣的業務全包的企業

說到半導體產業，首先要提的是**ＩＤＭ**（Integr-ated Device Manufacturer）企業群，也就是整合元件製造商，為ＬＳＩ的製造廠。

圖1-7-1　以IDM為中心的半導體產業鏈關係圖

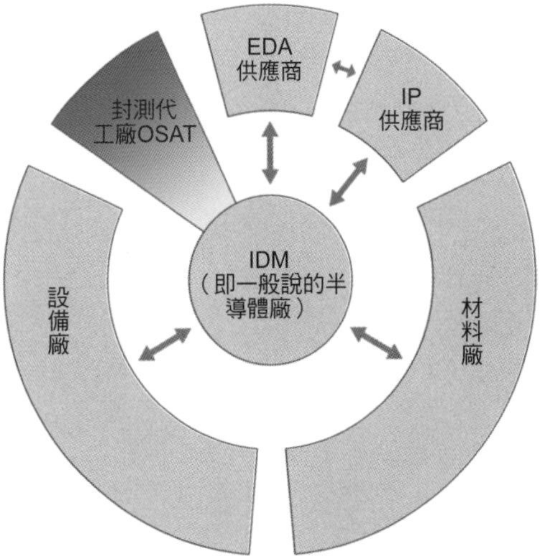

這是自行設計、製造、販賣半導體元件的半導體廠，包括英特爾、三星電子、鎧俠等。我們一般提到「半導體廠」時，聯想到的企業群就是IDM企業。如果把這些IDM企業放在半導體產業的中心，周圍與之有關的業界如圖1-7-1所示。

與IDM直接相關的半導體廠——EDA、IP、設備、材料

與IDM直接相關的半導體廠包括①EDA供應商、②IP供應商、③設備廠、④材料廠。

首先，**EDA供應商**的EDA指的是Equipment Data Acquisition，或是Electronic Design Automation。EDA供應商可提供IDM廠各種能自動化設計的工具，支援IDM廠在硬體與軟體兩方面的設計工作。

再來是**IP供應商**，他們會提供IDM廠各種有特定功能之電路設計的智慧財產（IP，矽智財）。IP供應商在開發、設計IP時，也會利用①EDA供應商提供的工具。

設備業界由製作各種半導體製造設備的工廠組成。IDM製造半導體時，須向設備廠購買製造用的設備。

同樣的，由許多材料廠構成的材料業界，可提供多種材料給IDM企業，用於製作半導體。

無廠半導體公司、晶片代工廠、OSAT

相對於IDM，還有另一種企業叫做「**無廠半導體公司**」（Fables）。顧名思義，Fables就是「**Fab（工廠）＋less（沒有）**」無廠半導體公司自己不製造半導體，而是專職於半導體的開發、設計工作。若將無廠半導體公司置於半導體產業的中心，周圍的產業則包括EDA供應商、IP供應商、晶片代工廠（Foundry）、OSAT（封測代工廠，後述）等（次頁圖1-7-2）。

晶片代工廠會接受半導體製程的「前製程」委託代工作業，基於客戶的設計資料代工生產晶片。這個業界中的世界第一，就是著名的臺灣**台積電**。晶片代工廠，與前製程需要的設備廠、材料廠有密切關係。

相對於晶片代工廠，**OSAT**企業（Outsourced Semiconductor Assembly and Test，封測代工廠）

圖1-7-2　以無廠半導體公司為中心的半導體產業鏈關係圖

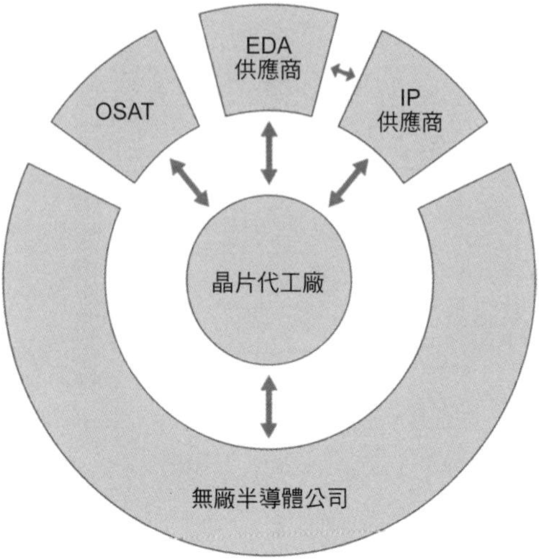

會接受半導體後半製程、測試工作的委託代工。OSAT與後製程需要的設備廠、材料廠有密切關係。

晶片代工廠

再來試著將晶片代工廠置於半導體產業的中心。半導體廠（IDM或無廠半導體公司）會委託晶片代工廠進行半導體製造的前製程。晶片代工廠會購買前製程需要的設備與材料，進行前製程（圖1-7-3）。

也就是說，IDM也會委託晶片代工廠製造晶片。乍看之下可能會覺得有些奇怪，畢竟IDM自己就是生產半導體的公司。

不過，即使是IDM，在自行開發、販賣的半導體中，也可能會有一部分產品是自家公司設計，卻委託晶片代工廠代工前製程。這樣的例子並不少見。

明明IDM自己也有生產線，卻委託晶片代工廠代工前製程，主要有三個原因。

第一個原因是，雖然自家生產線可以製造自家設計的半導體，但製造產能不足，或是想要縮短交貨期間。第二個原因是，出現半導體產品供需失衡時，會利用晶片代工廠做為「緩衝」。第三個原因是，自家

圖1-7-3　以晶片代工廠為中心的半導體產業鏈關係圖

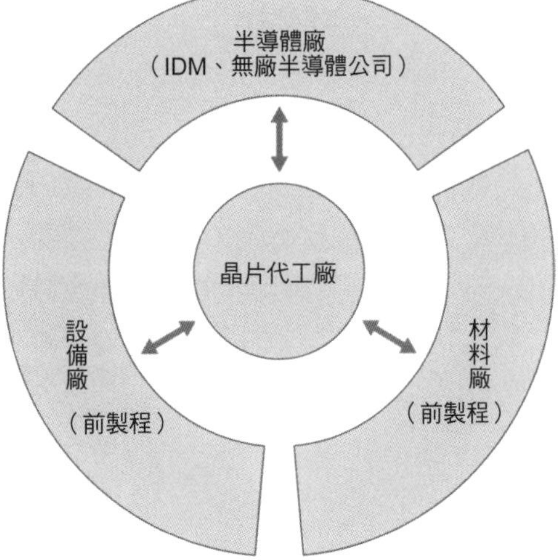

設計的半導體會用到某些先進技術，但自家生產線無法實現這些技術。

出現這三種情況時，半導體廠商只能委託擁有先進技術生產線的晶片代工廠為其代工產品。

OSAT（封測代工廠）

與晶片代工廠類似，將OSAT置於半導體產業的中心，可得到次頁圖1-7-4。半導體廠（IDM或無廠半導體公司）會委託OSAT進行半導體製造的後製程。OSAT會購買後製程需要的設備與材料，進行後製程。

同樣的，IDM之所以會委託OSAT進行封測代工，原因包括：IDM後製程的組裝、檢查產能不足；欲縮短後製程的交貨期間；以及自家產品須用到某些後製程的尖端技術，但自家生產線無法實現這些技術。

IC設計公司、輕晶片廠是什麼樣的業界？

除了前面提到的半導體產業，還有一種「IC設計公司」可以說是無廠半導體公司中的無廠半導體公

圖1-7-4　以OSAT企業為中心的半導體產業鏈關係圖

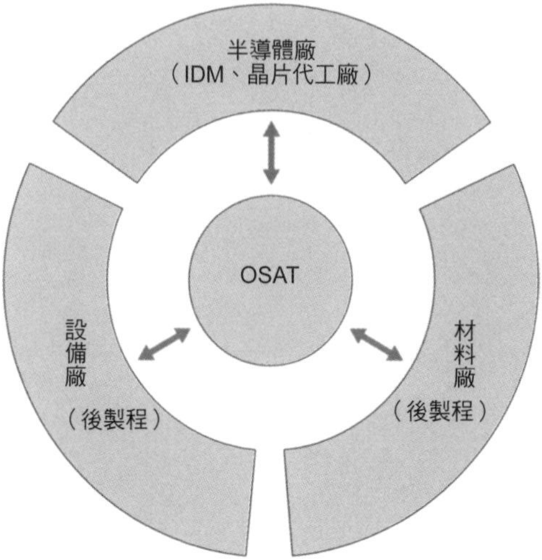

司。他們只接受半導體產品的設計委託，自己並不將這些設計產品化。

不過，本書並不會特別區分無廠半導體公司與IC設計公司。因為IC設計公司通常是晶片代工廠的一個部門或一個子公司，有些則是以小規模企業的形式存在於產業中。

另外，半導體產業還有一類叫做「**輕晶片廠**」，與其他晶片廠略有差異。簡單來說，輕晶片廠就是介於IDM與無廠半導體公司之間的經營模式。輕晶片廠擁有小規模的半導體生產線，不過大部分生產工作會委託晶片代工廠代工。

不過近年來，半導體產業中的產業結構與扮演角色持續變化，現在能明確稱做「輕晶片廠」的企業已相當少見，若將其與IDM、晶片代工廠並列，則會讓人覺得有些奇怪。說的極端一些，在某種意義上，我們現在已經不再使用輕晶片廠這個詞了。

為什麼三星與英特爾也有晶片代工業務？

近年來，三星電子、英特爾等大型IDM企業也投入晶片代工業務。隨著晶片代工業務逐漸擴大，晶片代工這個概念本身也跟著翻新。

那麼，為什麼這些大型ＩＤＭ企業會投入晶片代工業務呢？這是因為，為了製造自家產品，需要數兆日圓等級的巨大投資，才能催生出最尖端的生產線。然而，製造自家產品不足以支撐這條生產線全力運轉，須要接受其他公司的生產委託才行。

目前三星電子是全球第二的晶片代工廠，僅次於臺灣的台積電。然而急速擴張中的台積電，掌握了半導體製造的主導權，使三星電子在業界的地位相對降低，讓三星電子有一定的危機感。

同樣的事也發生在英特爾身上。特別的是，在美國政府的臺灣地緣政治學中，英特爾也有一定的角色。在ＣＨＩＰＳ法中，英特爾為美國國內半導體生產據點的代表，扮演著整頓、擴大美國半導體產業的帶頭執行者。

另外，近年來的晶片代工廠也有一些改變。為掌握融合半導體製造的前製程與後製程的３Ｄ封裝技術、小晶片技術，英特爾等企業提出將半導體製造系統化，建立負責整套製造工程的「**系統級晶片廠**」。

相對於此，台積電為了開發先進後製程（先進封裝技術），於二〇二二年六月，在日本筑波設立了３Ｄ ＩＣ的研發據點。

未來，大型ＩＤＭ廠與大型晶片代工廠台積電，將展開激烈競爭，確立新型半導體產業型態。

看到這些半導體產業的近況動態，讓人不禁聯想到「歷史會重演」這句話。提到半導體製造廠，以前只有ＩＤＭ，後來陸續分離出了晶片代工廠、ＯＳＡＴ，即所謂的「水平分工化」。

就像前製程正不斷革新一樣，以３Ｄ化為核心之後製程，技術革新的必要性也越來越顯著。擁有龐大資金、優異技術與人才的大型ＩＤＭ（英特爾、三星電子等），應該會在更大的框架下，改變ＩＤＭ的面貌。同時，台積電等大型晶片代工廠為了存活下來，或許會演化成新型ＩＤＭ。

專欄

核威攝、經濟安保、資訊社會、戰略物資

二〇二二年，俄羅斯攻擊烏克蘭，使核威攝從過去「私底下的默契」，轉變成了「檯面上的威嚇」。

之所以會有核威攝，是為了將大國爭奪霸權時的舞臺限制在「經濟衝突」上，而非直接的軍事衝突。也就是說，目標是透過經濟手段確保國家安全，確保國內擁有國民生活需要的重要物資、產品，使本國不要過於依賴其他國家的技術。

在這層意義上，戰爭時必要的重要物資，也就是「戰略物資」，除了人們熟知的石油、糧食、稀有金屬之外，在資訊化的現代社會中，航空、太空、核能、電子領域技術的重要性也日漸增加。

做為這些技術的核心，半導體（IC）被視為最重要的戰略物資而開始受到矚目，可以說是理所當然的事。說得誇張一點，沒有認真討論過半導體問題的日本，才讓人覺得奇怪。

特別是美中爭霸的過程中，成為全球半導體供應基地的臺灣，還擁有地緣政治學上的關鍵位置。中國半導體（IC）產品有後門程式的疑慮，使以美國為中心的自由主義各國決定建構穩定的半導體（IC）供應鏈，讓美國與同一個圈子內的國家能互相調度重要的半導體（IC），並加強對中國半導體（IC）產業的壓力。這些行動都凸顯出半導體（IC）為重要的戰略物資。

在這樣的世界局勢背景下，日本的產官學界也開始制定計畫與預算，期望能再生、復興日本國內的半導體產業。不過在制定國家級計畫的時候，最好能先檢討過去計劃的功過，並以此為基礎，建立新的觀點與策略。

要實行這些計畫，有一個基本要點，那就是要出錢，但不要出意見，而是要積極聽取坊間專家的意見。主導計畫的人應積極發掘出有遠見、有新穎的觀點、有卓越執行力、能夠冷靜做出評價、判斷的人才，並將他們配置到適當的位置。我認為這是最重要的事。

第二章

從半導體製程到相關業界的整理

Section 01

半導體的製造過程——第一層次

半導體廠需經過近一千個複雜的步驟，才能製造出產品。因此，若想瞭解如何製作半導體，不建議一開始就關注製程的細節，而是要先掌握「大致的樣貌」，然後逐漸聚焦在製程細節，這樣會比較好理解。

從本節起，會將半導體製程分成四個階段（第一層次～第四層次），分別說明每個階段的製程。第二層次、第三層次、第四層次，將分別於2-2、2-3、2-4中說明。

半導體的製程

讓我們依照下方圖2-1-1，說明第一層次的製程。

半導體製程大致上可以分成「設計製程」與「製造製程」。設計製程中，會設法設計出一個半導體（IC），以此實現需要的功能、性能。

「製造製程」則可再分成前製程（次頁圖2-1-2）與後製程（圖2-1-3）。

前製程中，會在矽晶圓上同時製作多個IC晶片。

後製程中，會將製作完成的矽晶圓切成一個個晶片，然後篩選出良品晶片封裝於外殼內，再檢查、判斷產品的電特性是否符合規格（圖2-1-3），這樣便完成了IC（積體電路）的製作（圖2-1-4）。

圖2-1-1　半導體的製造過程（第一層次）

設計製程		設計擁有特定功能、性能的IC
製造製程	前製程	在矽晶圓上同時製作多個IC晶片
	後製程	前製程完成後，將矽晶圓切割成一個個IC晶片，封裝於外殼內，進行檢測

圖2-1-2　前製程

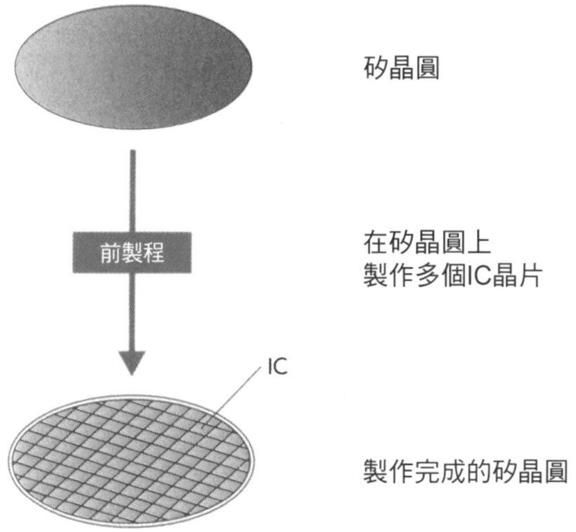
矽晶圓
前製程
在矽晶圓上
製作多個IC晶片
IC
製作完成的矽晶圓

圖2-1-3　後製程

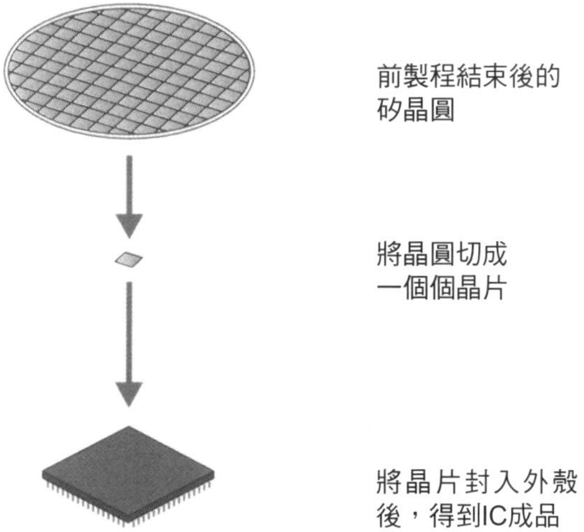
前製程結束後的
矽晶圓
將晶圓切成
一個個晶片
將晶片封入外殼
後，得到IC成品

圖2-1-4　最後完成的IC（積體電路）

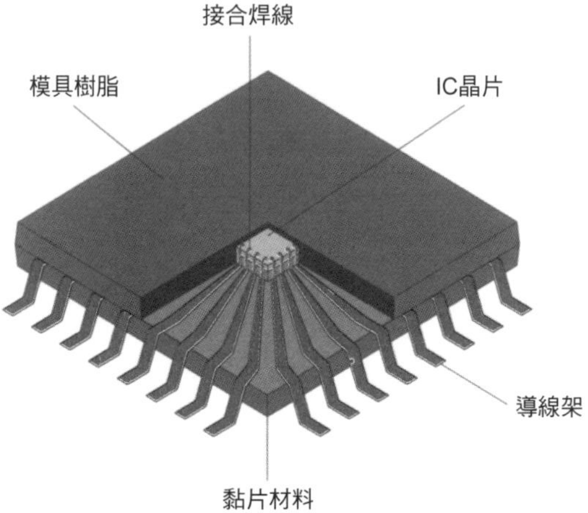

一個IC晶片含有越多元件，IC運作時消耗的電力就越多，晶片的溫度也跟著上升。溫度上升後，IC的運作速度會下降，降低可靠度。在極端環境下，IC可能會損壞。為了防止發生這種事，耗電量大的CPU等半導體，會在外殼加上散熱用的「**散熱片**」。散熱片還可分成氣冷式（圖2-1-5）與使用水管冷卻的水冷式。

圖2-1-5　以散熱片為IC散熱

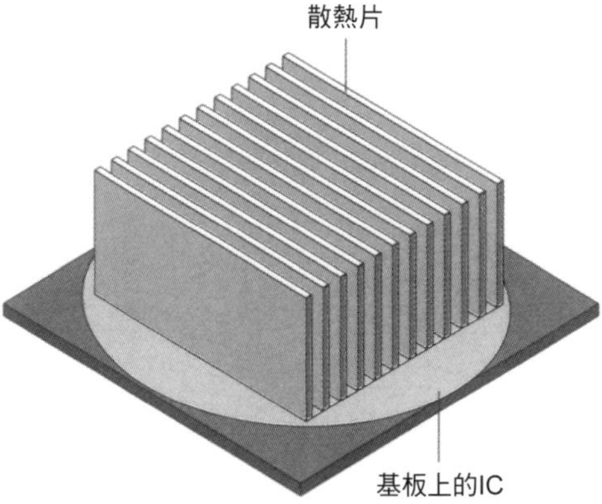

Section 02

半導體的製造過程——第二層次

前一節的第一層次中，我們將半導體製程大致分成了兩個階段。在第二層次中，我們將進一部細分這些製程，分別說明，如次頁的圖2-2-1。

設計——設計與製作光罩

設計製程可以分為「設計」與「製作光罩」兩個部分。首先，設計指的是運用EDA工具，反覆進行合成、驗證、模擬，設計出各種「邏輯電路、圖樣、布局」。

而製作光罩（倍縮光罩），則是製作用於轉印圖樣到矽晶圓上的「光罩」（圖2-2-2）。將矽晶圓製作成多個晶片時，會將光罩上的圖樣一層層轉印到晶片上。

前製程①與②——FEOL與BEOL

圖2-2-1的前製程，包括①FEOL（Front End Of Line）、②BEOL（Back End Of Line）、③晶圓、探針檢查等三個部分。

①的**FEOL**也叫做「前端製程」，會使用到各式各樣的設備與材料，並運用光罩，將矽晶圓製成多個IC晶片，即「前製程的前半部分」。在這個製程中，可製成電晶體等元件（圖2-2-3）。

②的**BEOL**也叫做「後端製程」，為FEOL中製成電晶體後，加上配線，使多個元件彼此連接的製程（圖2-2-4）。

以前，我們會把將矽晶圓製成多個IC晶片的製程稱做「前製程」，或是「晶圓處理製程」「擴散製程」等，現在則是會區分成FEOL與BEOL。

圖2-2-1　製作半導體的過程（第二層次）

設計製程	設計	使用EDA工具，反覆合成、驗證、模擬，設計出邏輯電路、圖樣、布局。
	光罩	將矽晶圓製成多個IC時，須將光罩上的圖樣一層層轉印至IC上，使其擁有三維結構。這個製程就是在製作光罩。
前製程	①FEOL	使用各種設備與材料，以及光罩，「將矽晶圓製作成多個IC」的前半部分（製作電晶體等元件）。
	②BEOL	使用各種設備與材料，以及光罩，「將矽晶圓製作成多個IC」的後半部分（製作配線）。
	③晶圓、探針檢查	用一個個探針，檢測矽晶圓上製作完成的IC晶片，由晶片的電特性判斷其是否為良品。
後製程	①切割	矽晶圓檢查結束後，用鑽石刀將IC晶片一個個切開。
	②封裝	將挑選出來的IC晶片良品裝入外殼，以細電線連接晶片上的電極與外殼的導線架，再封住外殼。
	③可靠度試驗	評估IC的可靠度（燒機測試）
	④最終檢查	檢查封裝後的晶片，在電特性與外觀上是否符合產品規格，是否為良品。

FEOL：Front End Of Line，也叫做前端製程
BEOL：Back End Of Line，也叫做後端製程
燒機測試：BT（Bur-In test）施加高溫與高電壓，測試其可靠度的加速實驗

圖2-2-2　以光罩將電路圖樣轉印到晶圓上

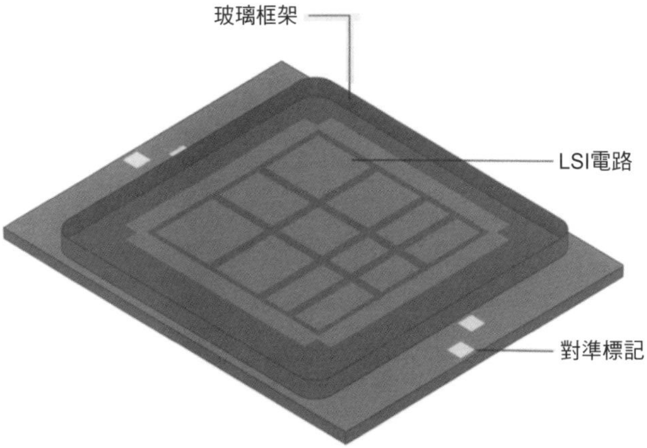

圖2-2-3　FEOL為前製程的前半部分（前製程①）

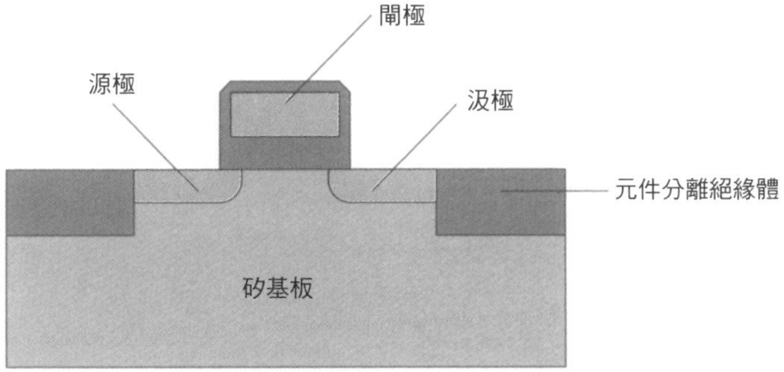

形成電晶體元件

圖2-2-4　BEOL為前製程的後半部分（前製程②）

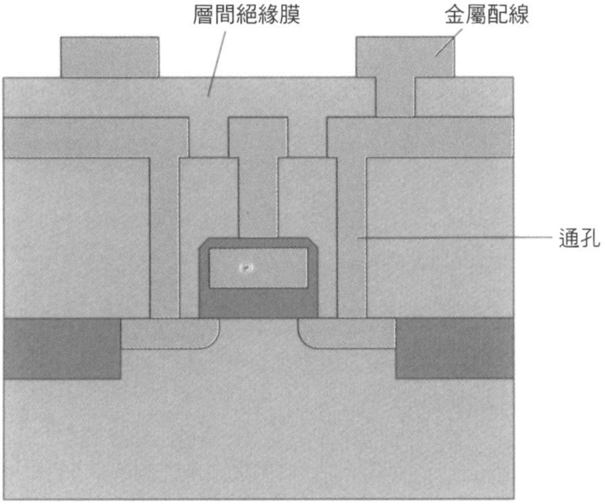

形成配線

不過隨著IC，特別是邏輯類IC的進化，IC集積度或性能除了取決於電晶體等元件的數量，以及元件間在電性上的接觸（配線方式）之外，縱向配線的堆積，即多層配線，也成了重要項目。

這表示，半導體廠對於多層配線製程的重視，已不遜於元件製程。在技術上、製程數量上，以至於設備投資上，半導體廠在多層配線上的投資比例越來越大。所以說，將前製程分成

- 前半部分（製作元件，FEOL）
- 後半部分（製作多層配線，BEOL）

這兩個部分來看，會比較符合現況。

前製程③——晶圓、探針檢查

最後要說明的是③「**晶圓、探針檢查**」。在這個步驟中，我們會用一個個探針接觸矽晶圓上已完成的IC晶片，以測試儀（檢查電特性的設備）檢查探針接觸到的晶片，判斷「晶片是否為良品」。如果是不良品，就會刻意毀損以做為標記（檢查晶圓的設備稱做**針測機**）。

晶圓、探針檢查有時會分開來看，稱做晶圓檢查

圖2-2-5　晶圓、探針檢查（前製程③）

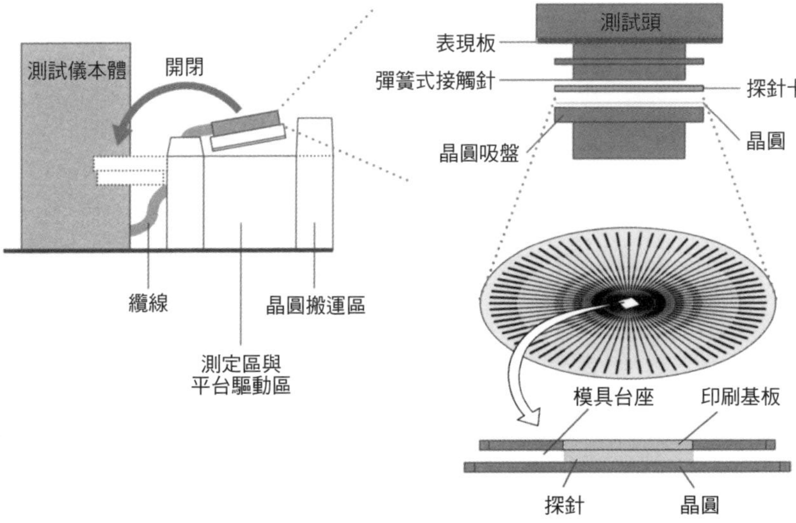

與探針檢查。不過本書為了統一用語，一律稱做「晶圓、探針檢查」（圖2-2-5）。

後製程①——切割

第五十頁表2-2-1的後製程，可分成「①切割、②封裝、③可靠度試驗、④最終檢查」四個部分。

①的**切割**，是用切割機，將晶圓、探針檢查完畢後的矽晶圓切割成一個個晶片的過程（圖2-2-6）。

後製程②——封裝（packaging）

②的**封裝**，是將晶圓、探針檢查後，被判定為良品的IC晶片裝入外殼內，以細電線連接晶片上的電極與外殼的導線架，再封住外殼（次頁圖2-2-7）。

後製程③——可靠度試驗（加速老化測試）

③的**可靠度試驗**，是對封裝好的IC施加高電壓與高溫，進行加速老化測試。此試驗的目的，是將產品置於比一般狀況更嚴酷的條件下，在短時間內驗證產品壽命。加速試驗也叫做「燒機」（圖2-2-8）。

圖2-2-6　切割，將晶片切離（後製程①）

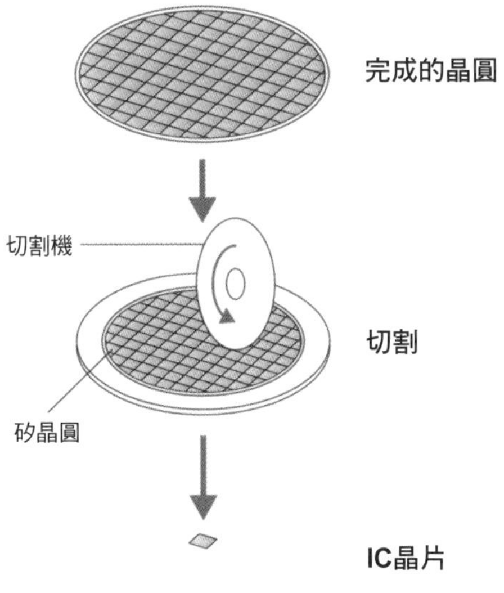

④的最終檢查，則是測定產品在電特性與外觀上是否符合規格，挑選出良品（圖2-2-9）。

圖2-2-7　封裝剖面圖與完成圖（後製程②）

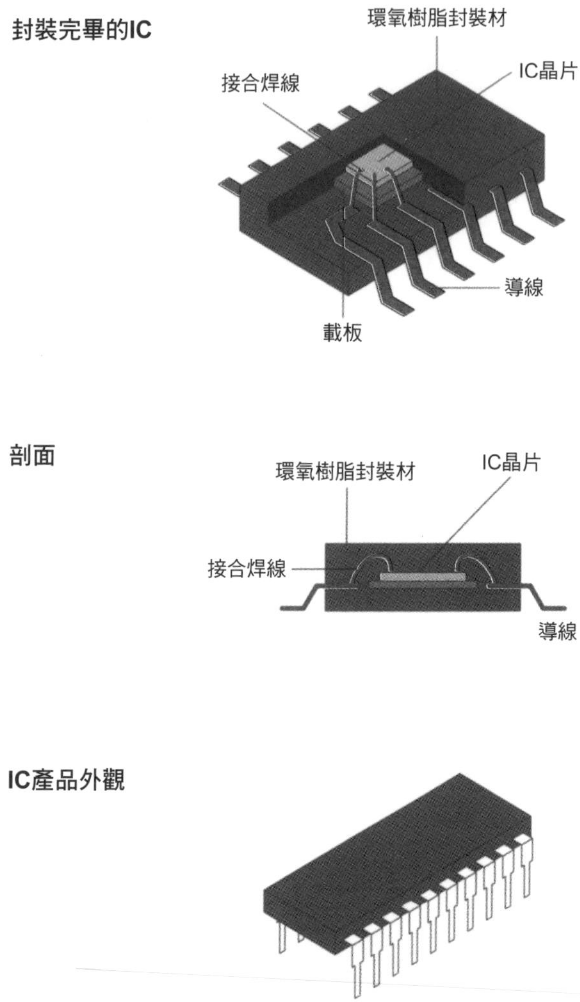

圖2-2-8　加速老化測試的燒機（後製程③）

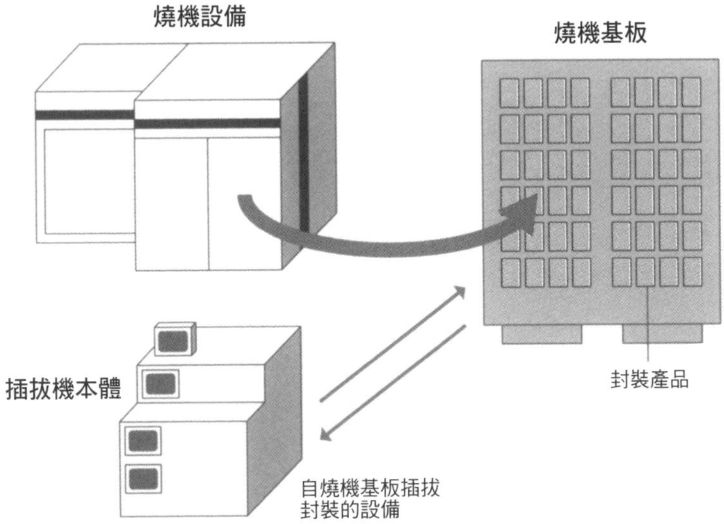

圖2-2-9　最終檢查（後製程④）

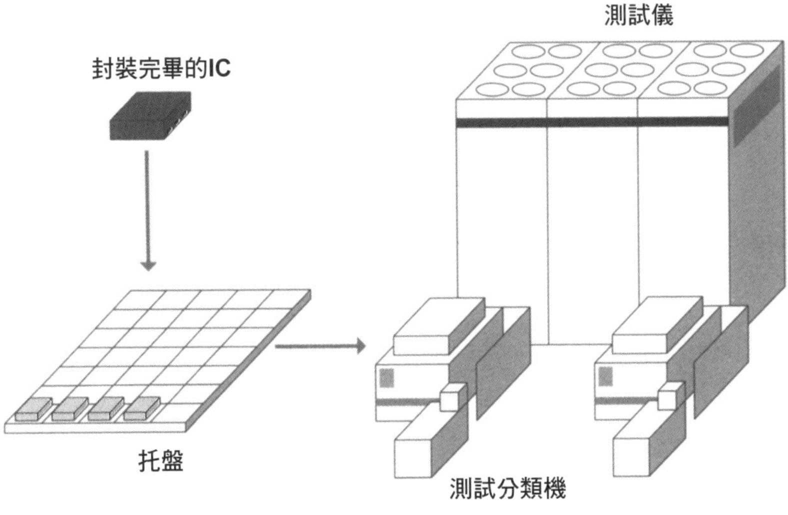

Section 03

半導體的製造過程——第三層次

2-2（前節）的第二層次中，我們說明了一定程度的半導體製程細節。本節的第三層次，將依照圖2-3-1，詳細說明各個製程的內容。

FEOL可分為四個製程

前製程的FEOL（Front End Of Line）可以細分成

①薄膜形成製程

②微影製程

③蝕刻製程

④摻雜製程

等四項。不過，這些製程並非只做一次，而是持續重複這四項製程，且在這些製程之間，還會適當地加入退火製程與洗淨製程。

薄膜形成、微影、乾式蝕刻製程

①的「**薄膜形成製程**」中，會用各式各樣的設備與材料，在矽晶圓上形成絕緣膜、導電膜、半導體膜等薄膜（第五十八頁圖2-3-2）。

②的「**微影製程**」中，會在薄膜上塗佈光阻劑，送入曝光機。曝光機的光通過光罩後，照在光阻劑上。經顯影後，就會將光罩上的圖樣轉印到光阻劑上（第五十八頁圖2-3-3）。

③的「**蝕刻製程**」中，以光阻劑圖樣為遮罩，將非圖樣區域下方的薄膜蝕刻掉，使薄膜也形成圖樣（第五十九頁圖2-3-4）。

④的「**摻雜製程**」中，會在矽晶圓內，或者矽晶圓上的半導體薄膜內，添加「導電型雜質」（磷、砷、硼等）。

圖2-3-1　半導體製程（第三層次的前製程）

FEOL	重複多次	薄膜形成製程	用各式各樣的設備與材料，在矽晶圓上形成絕緣膜、導電膜、半導體膜等薄膜。
		↓ 微影製程	在薄膜上塗佈光阻劑，送入曝光機。曝光機的光通過光罩後，照在光阻劑上。經顯影後，就會將光罩上的圖樣轉印到光阻劑上。
		↓ 蝕刻製程	以光阻劑圖樣為遮罩，將非圖樣區域下方的薄膜蝕刻掉，使薄膜也形成圖樣。
		↓ 摻雜製程	以光阻劑或材料薄膜為遮罩，在矽晶圓表面添加導電型雜質。
BEOL	重複多次	薄膜形成製程	除了製作各種薄膜，還會用各式各樣的設備與材料，製作絕緣體與金屬等相對較厚的膜。
		↓ 微影製程	基本上與FEOL相同。
		↓ 蝕刻製程	基本上與FEOL相同。
		↓ 平坦化製程	透過CMP方式，使表面平坦化。
FEOL + BEOL		其他製程與系統 退火製程 洗淨製程 晶圓檢查製程 晶圓搬運系統 生產管理、監視系統 CIM系統	

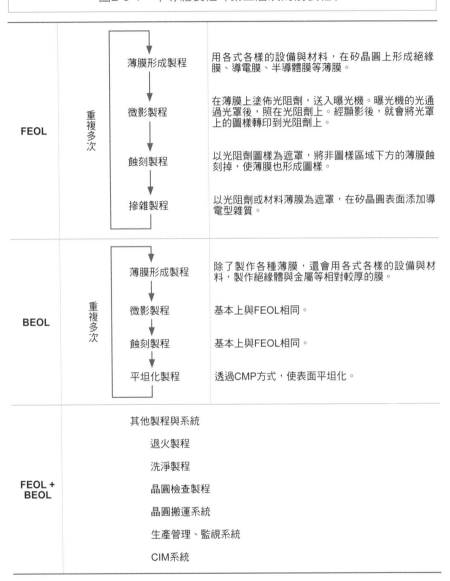

圖2-3-2　①薄膜形成

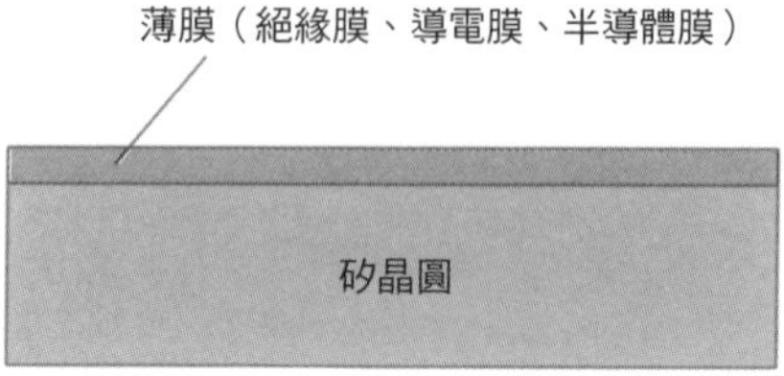

圖2-3-3　②微影製程

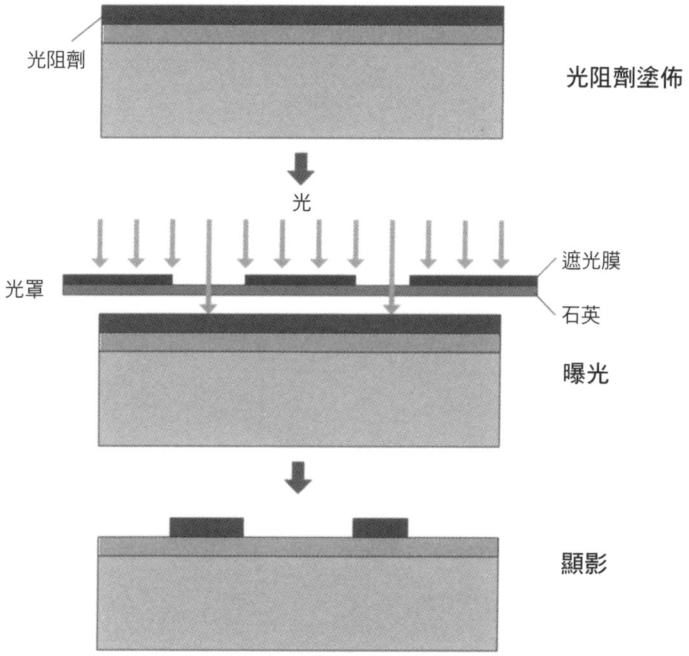

圖2-3-4　③以乾式蝕刻形成薄膜圖樣

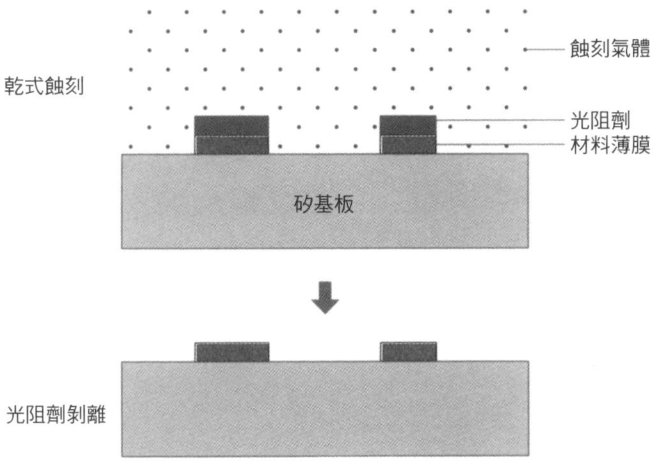

添加雜質的具體方法，包括運用熱擴散現象的「熱擴散法」，以及用機械方式將加速後的雜質離子打入的「離子植入法」。這兩種方法的具體內容，將在「2-4半導體的製造過程——第四層次」中說明。

BEOL的三個製程與過程

BEOL（Back End Of Line、配線製程、Backend）包括

①薄膜形成製程
②微影製程
③蝕刻製程

等三項。這些製程的內容，與前面FEOL說明的內容基本上沒有太大差異（但沒有④摻雜製程）。不過有個地方不同，那就是BEOL有所謂的**CMP**，這是矽晶圓上絕緣膜與導電膜的「**完全平坦化製程**」。

另外，在BEOL的薄膜形成製程中，會運用各式各樣的設備與材料，製作部分相對較厚的絕緣體膜或金屬膜。

以模具封裝說明晶片的封裝

第五十七頁的圖2-3-1中，除了前製程、後製程

圖2-3-5　又叫做CMP的平坦化製程

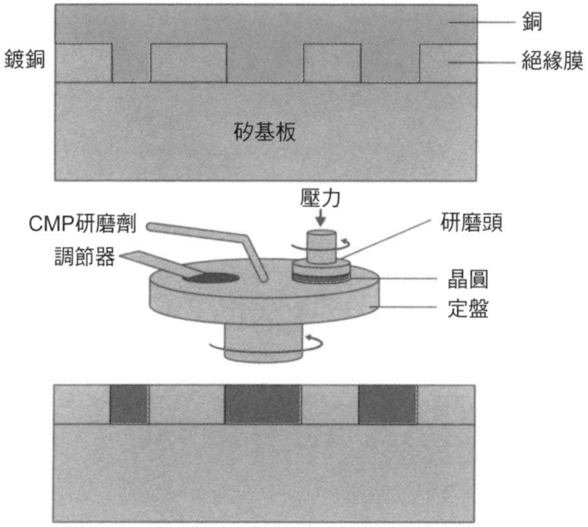

之外，還有一項是「其他製程與系統」。

首先，前製程的「其他製程與系統」包括

- 退火製程
- 洗淨製程
- 晶圓檢查製程
- 晶圓搬運製程
- 生產管理、監視系統
- CIM系統

而後製程的封裝製程則包括（圖2-3-6）

- 黏片
- 焊線接合
- 樹脂封裝
- 鍍焊料
- 導線加工
- 刻印

等細部製程。IC的封裝也叫做**assembly**（將蒐集來的東西組合在一起）。封裝有許多方法，這裡以模具封裝為例說明（圖2-3-6）。

一開始的黏片，是將良品晶片（die）黏著固定（bonding）在導線架的載板上（圖2-3-7）。所以黏片作業也稱做「die bonding」或「chip

圖2-3-6　以模具封裝說明第三層次的「封裝製程」

封裝	黏片	將良品晶片黏著固定在導線架的載板。
	焊線接合	以一條條金（Au）或鋁（Al）的細線，連接已固著之晶片上的外部電極，以及導線架上的導線。
	樹脂封裝	以熱固性樹脂包覆導線架上乘載晶片的部分。
	鍍焊料	未被樹脂包覆的導線，則鍍上焊料準備用以焊接。因為焊接方式較方便我們將IC裝在印刷電路板上。鍍焊料也可以增加導線彎曲時的強度。
	導線加工	依照封裝類型，彎曲導線，加工成必要的形狀。
	刻印	在模具封裝外殼表面，以雷射刻印晶片的品名、公司名稱、批次編號。

圖2-3-7　黏片（接著固定）

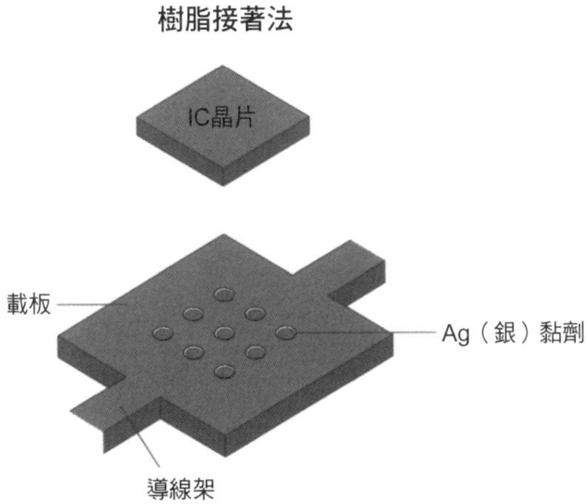

圖2-3-8　透過焊線接合連接導線

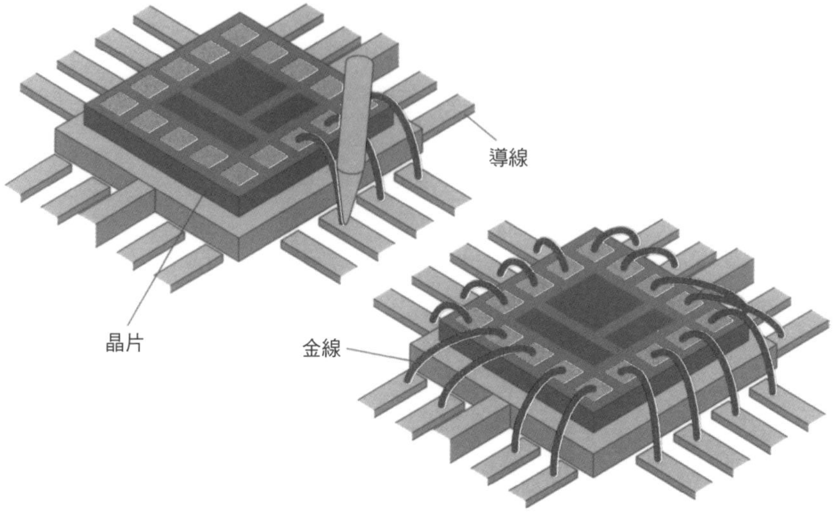

bonding」。

黏片之後的焊線接合步驟中，會以金等金屬製的細線，連接已固著之晶片上的電極，以及導線架上的導線（圖2-3-8）。

在這之後的樹脂封裝，會以熱固性樹脂包覆導線架上乘載晶片的部分，封住晶片（圖2-3-9）。

接著會將未被樹脂包覆的導線鍍上焊料（圖2-3-10）。

這是因為，焊接方式較方便我們將IC裝在印刷電路板上。在接下來的導線加工中，須依照封裝類型，彎曲導線，加工成必要的形狀。鍍焊料可以增加導線彎曲時的強度。

導線加工中，依照封裝類型，彎曲導線，加工成必要的形狀（圖2-3-11）。

刻印則是在模具封裝外殼表面，以雷射刻印晶片的品名、公司名稱、批次編號（圖1-3-12）。

圖2-3-9　以樹脂封裝晶片

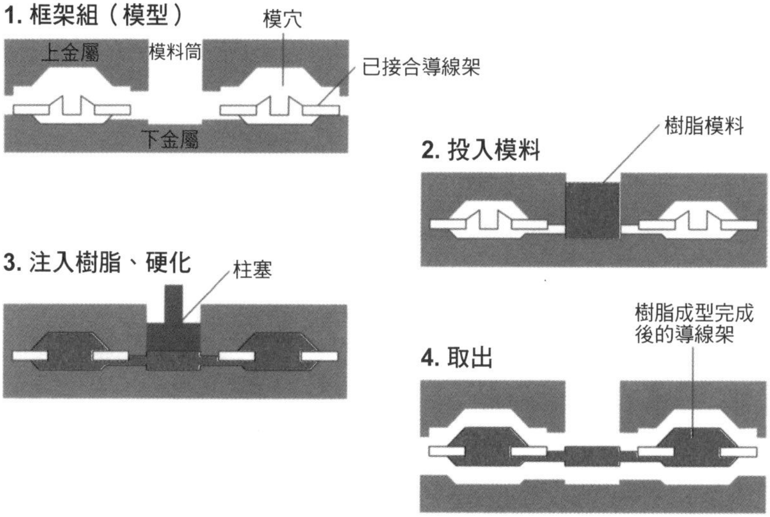

圖2-3-10　在導線架上鍍焊料

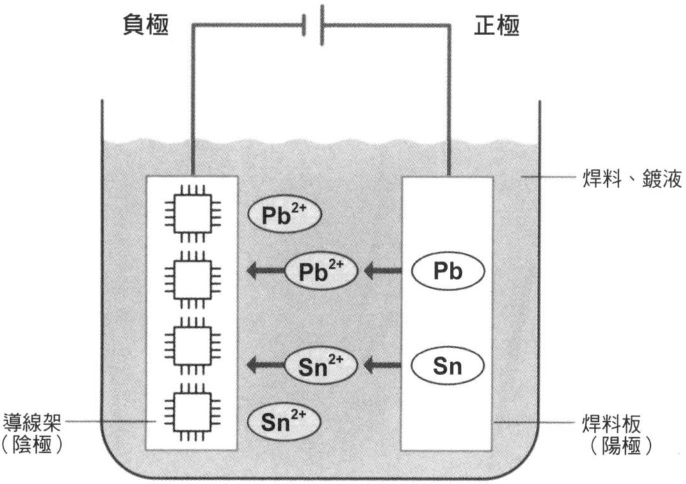

圖2-3-11　導線加工後的各種封裝成品

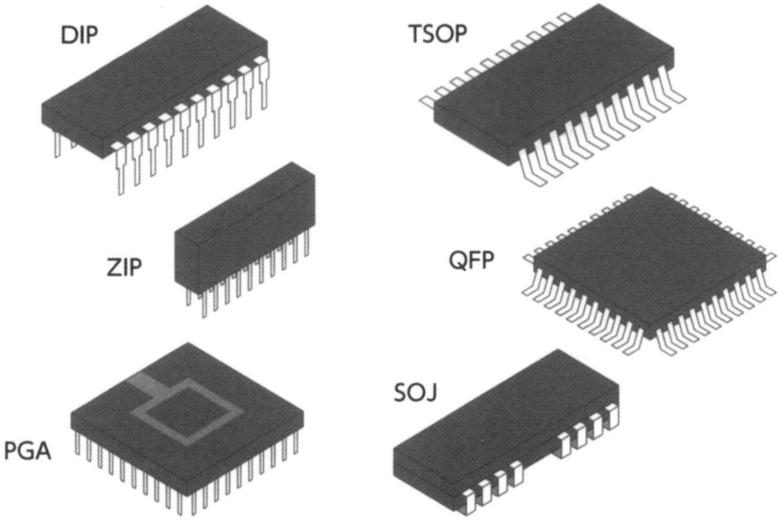

圖2-3-12　最後為晶片刻印

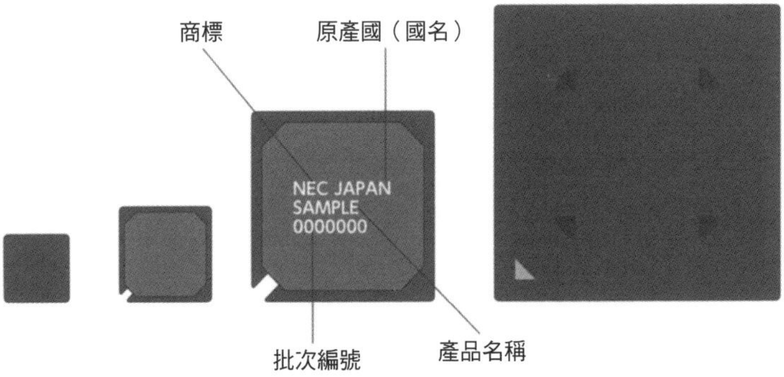

Section 04

半導體的製造過程——第四層次

第四層次會更進一步詳細說明半導體的製程。

讓我們依照次頁的圖2-4-1（第四層次之1），圖2-4-2（第四層次之2）這兩張圖分別說明。

FEOL的薄膜形成

首先，圖2-4-1的「**薄膜形成（FEOL）**」包括以下四種方法。

①熱氧化
②CVD（化學氣相沉積）
③PVD（濺鍍，物理氣相沉積）
④ALD（原子層沉積）

①**熱氧化**中，會將矽晶圓暴露在高溫的氧化環境中，使矽與氧產生化學反應，形成二氧化矽膜。此步驟中會使用乾燥氧氣、濕潤氧氣、水蒸氣等做為氧化氣體（第六十八頁圖2-4-3）。

熱氧化形成的二氧化矽膜（SiO_2）為十分優異的絕緣膜，且矽與二氧化矽膜的介面擁有相當穩定的電特性。這也是矽為常用半導體材料的重要原因之一。

②**CVD**是依照欲形成之薄膜種類，以熱或電漿激發原料氣體（前驅物），使其產生化學反應，堆積成需要的薄膜（第六十九頁圖2-4-4）。

CVD可形成的膜，包括絕緣膜、導電膜、半導體膜等各種薄膜。

③**PVD**有多種方法，**濺鍍**為其中一種具代表性的方法。濺鍍時，會用高速氬原子衝撞加工成圓盤狀的成膜材料（濺鍍靶材），使彈射出來的元素附著在矽晶圓上，形成薄膜（圖2-4-5）。PVD為相對於

圖2-4-1　半導體IC製程（第四層次之1）

薄膜形成（FEOL）	熱氧化	將矽晶圓暴露在高溫的氧化環境中，使矽（Si）與氧（O）產生化學反應，形成二氧化矽（SiO_2）膜。此步驟中會使用乾燥氧氣O_2、濕潤氧氣O_2、水蒸氣等做為氧化氣體。
	CVD	化學氣相沉積。依照欲形成之薄膜種類，以電漿、熱等能量，使含有薄膜構成元素之氣體（前驅物）產生化學反應，堆積成需要的薄膜。可形成絕緣膜、半導體膜、導電膜等各種薄膜。
	PVD（濺鍍）	將成膜材料加工製成圓盤狀的濺鍍靶，以高速氬原子（Ar）衝撞濺鍍靶，使彈射出來的元素附著在矽晶圓上，形成薄膜。相對於CVD，濺鍍為一種PVD（物理氣相沉積）。
	ALD	原子層堆積。依照欲形成之薄膜種類，多次注入、排出各種氣體，使特定原子能在晶圓上堆積形成一層層單一原子厚度的膜。
薄膜形成（BEOL）	CVD	基本上與FEOL的CVD相同。
	PVD	基本上與FEOL的PVD相同。
	鍍銅	以電鍍方式，形成相對較厚的銅（Cu）膜。
微影製程	光阻劑塗佈	在薄膜上塗佈光阻劑。
	曝光	透過光罩（倍縮光罩），以光照射部分區域的光阻劑。
	顯影	使曝光後的光阻劑顯影，將光罩圖樣轉印到光阻劑上。

CVD：Chemical Vapor Deposition
PVD：Physical Vapor Deposition
ALD：Atomic Layer Deposition

圖2-4-2　半導體IC製程（第四層次之2）

蝕刻	乾式蝕刻	以光阻劑圖樣為遮罩，用活性氣體、離子、自由基，去除部分（未被光阻劑覆蓋的部分）薄膜，形成圖樣。可分為活性氣體蝕刻、電漿蝕刻、活性離子蝕刻等種類。
	濕式蝕刻	用液體去除整面材料薄膜，或是加上遮罩，去除部分材料薄膜。
	熱擴散	運用熱擴散現象，在高溫矽晶圓表面添加導電性雜質。
	離子植入	以光阻劑形成的圖樣為遮罩，將導電性雜質植入晶圓表面。改變植入離子時的能量與離子量（單位面積的植入量），可控制雜質的深度與量。
	CMP	轉動矽晶圓，添加研磨劑，將矽晶圓壓向研磨板，研磨矽晶圓上的絕緣膜與金屬材料，使晶圓上方變得完全平坦。
前製程（FEOL）中的其他製程與系統		
退火	爐管退火	將晶圓放入高溫爐中退火。
	RTA（快速熱退火）	以紅外線燈為矽晶圓快速升降溫的溫度處理。
洗淨	超純水	以超純水洗淨矽晶圓、沖洗、乾燥。
	濕式洗淨	以藥液洗淨矽晶圓，以超純水沖洗、乾燥。
晶圓檢查	外觀、特性測定	運用各種測定器，測定矽晶圓的外觀與元件的電特性。

圖2-4-3　將晶圓暴露在氣體中進行熱氧化

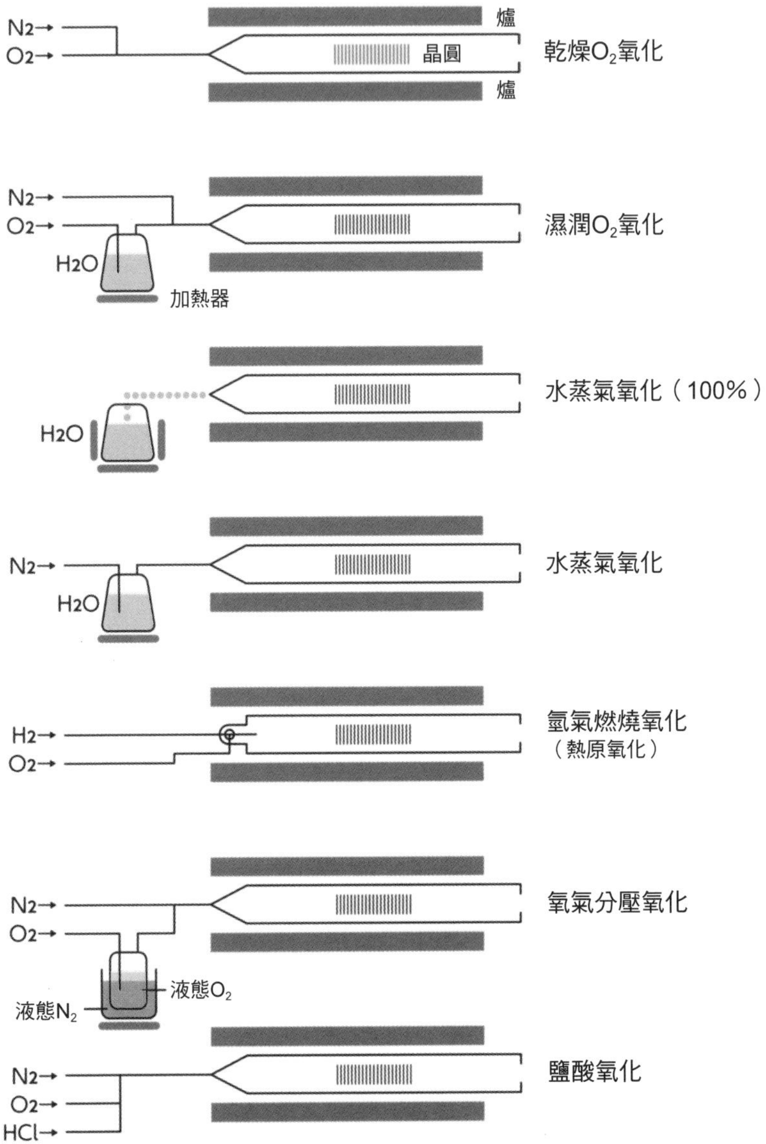

圖2-4-4　電漿CVD

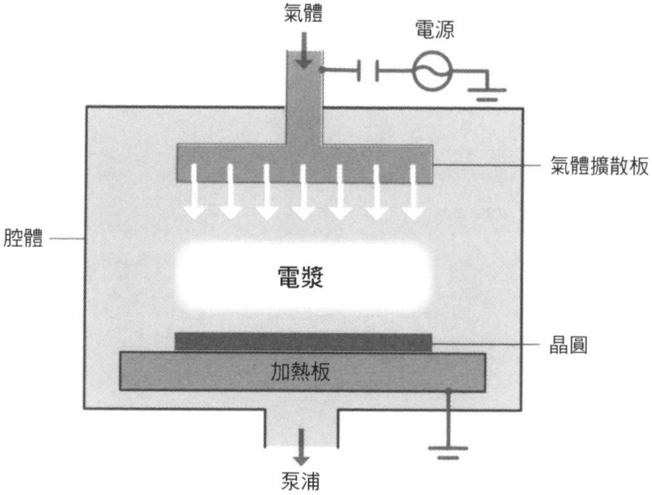

圖2-4-5　濺鍍（PVD）

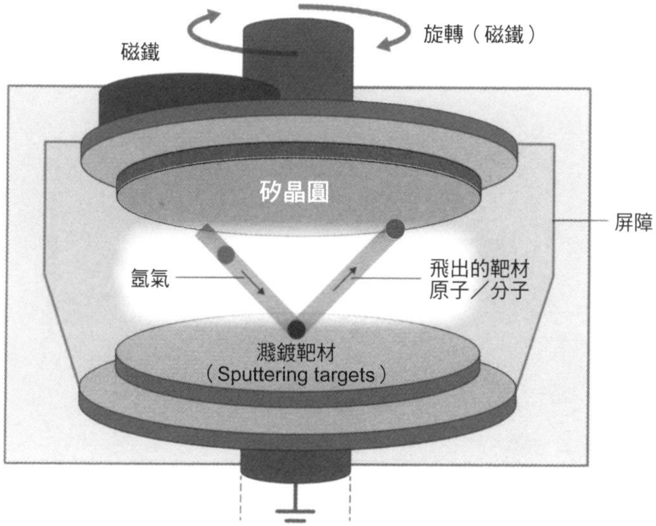

CVD所使用的名稱。

④**ALD**中，會依照欲形成之薄膜種類，在短時間內多次注入、排出各種氣體，使特定原子能在矽晶圓上堆積形成一層層單一原子厚度的膜（圖2-4-6）。

BEOL的薄膜形成

第六十六頁圖2-4-1的「**薄膜形成（BEOL）**」中，包括

①CVD
②PVD
③鍍銅

等方法。CVD、PVD的方法與FEOL中使用的方法大致相同。③鍍銅則是用電鍍方式，鍍上一層相對較厚的銅膜（圖2-4-7）。

微影製程

圖2-4-1最後的「**微影製程**」包含了

①光阻劑塗佈
②曝光
③顯影

等步驟。

圖2-4-6　ALD中形成必要的薄膜

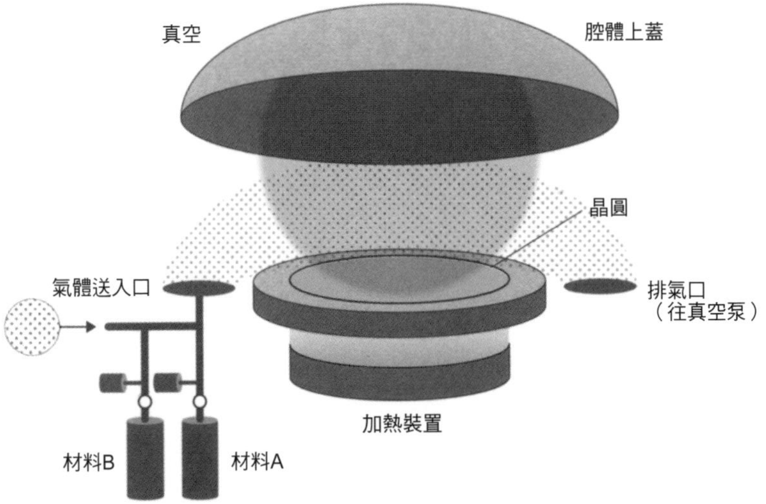

圖2-4-7　銅的電鍍

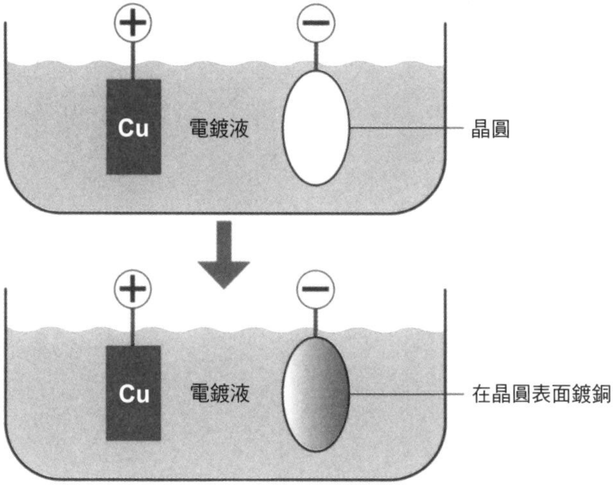

圖2-4-8　光阻劑塗佈

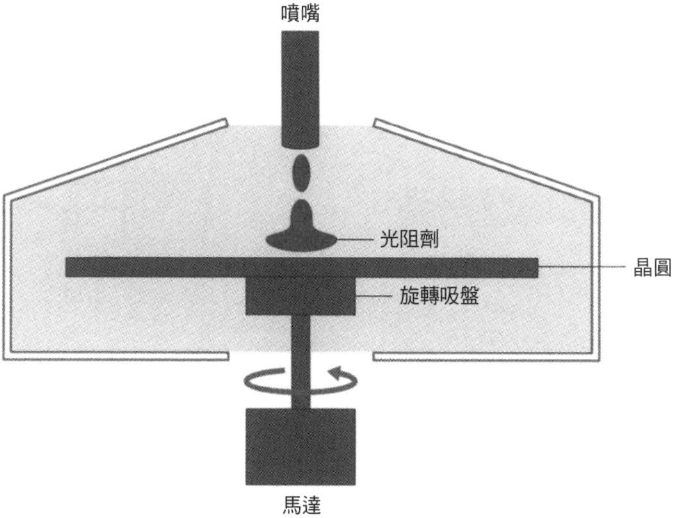

光阻劑塗佈時，會在材料薄膜上塗佈光阻劑（感光性樹脂）（前頁圖2-4-8）。

曝光時，部分光被光罩阻擋，其他光則照射在光阻劑上（圖2-4-9）。

顯影時，被照到光的光阻劑會顯現出來，使光罩上的圖樣轉印到光阻劑上（圖2-4-10）。

蝕刻製程

第六十七頁圖2-4-2的「蝕刻」中，包含

①乾式蝕刻

②濕式蝕刻

等兩種方式。

首先，乾式蝕刻是以光阻劑的圖樣為遮罩，以活性氣體、離子、自由基去除部分（未被光阻劑覆蓋的部分）薄膜，使薄膜形成圖樣。此時會使用到ICP乾式蝕刻設備（蝕刻機，圖2-4-11）。

濕式蝕刻則是使用藥液，去除整面材料薄膜，或者透過遮罩，去除部分薄膜（第七十四頁圖2-4-12）。

圖2-4-9　使用掃描式曝光機，以光照射光阻劑（曝光）

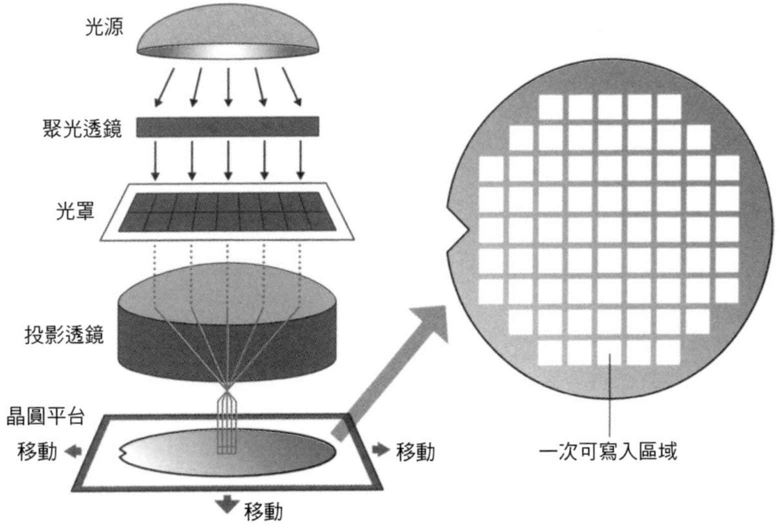

圖2-4-10　光阻劑顯影

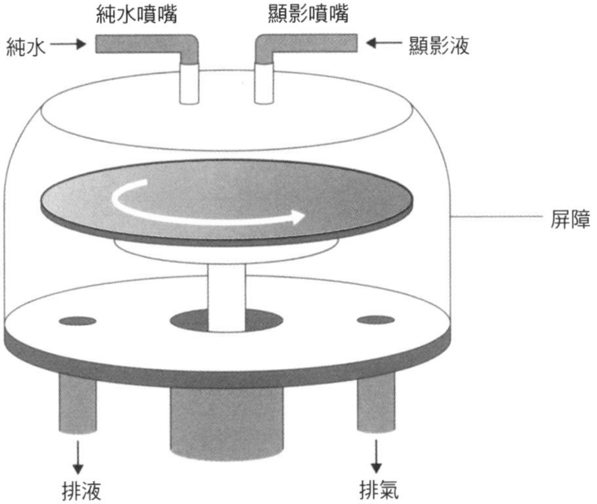

圖2-4-11　ICP乾式蝕刻設備

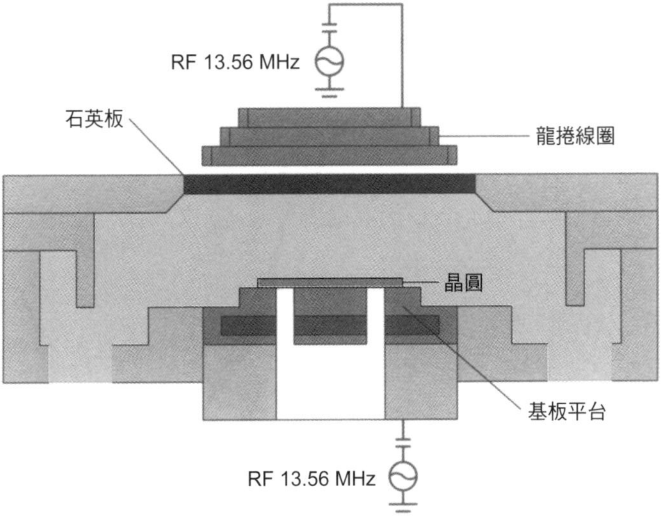

圖2-4-12　濕式蝕刻

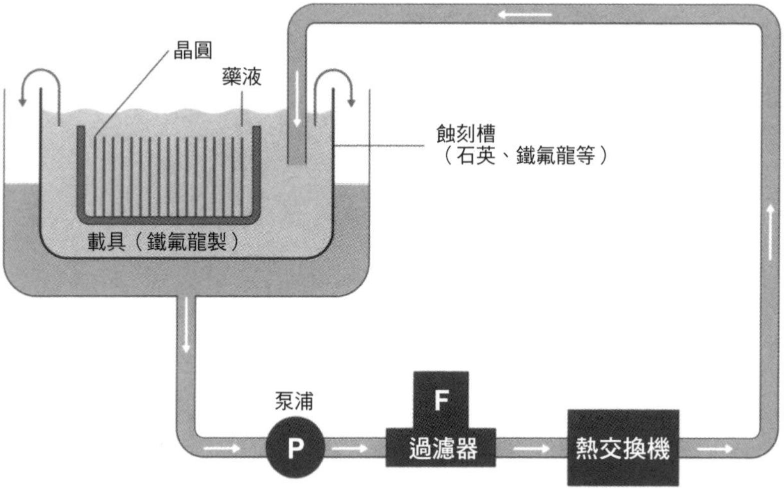

摻雜製程

第六十七頁圖2-4-2的「摻雜」包括

①熱擴散
②離子植入

等方法。

熱擴散是利用熱擴散現象，在高溫矽晶圓表面添加導電性雜質。

離子植入是以光阻劑形成的圖樣為遮罩，將電場加速後的導電性雜質離子植入晶圓表面（圖2-4-13）。

改變植入離子時的能量，可控制雜質的深度。改變注入離子量（單位面積的植入量），可控制導電性雜質離子的添加量。

平坦化CMP製程

圖2-4-2的「**平坦化**」是由**CMP裝置**（Chemical Mechanical Polisher）進行。**CMP**過程中，會轉動矽晶圓，添加液狀研磨劑，將矽晶圓壓向研磨板，研磨矽晶圓上的絕緣膜與金屬材料，使晶圓上方變得完全平坦（圖2-4-14）。圖2-4-15顯示了

圖2-4-13　熱擴散（上）與離子植入（下）

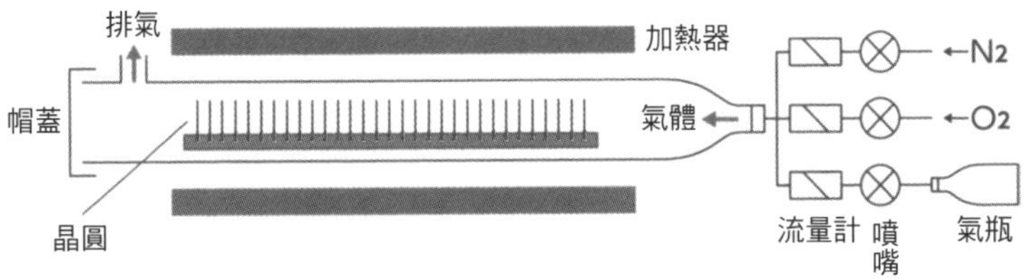

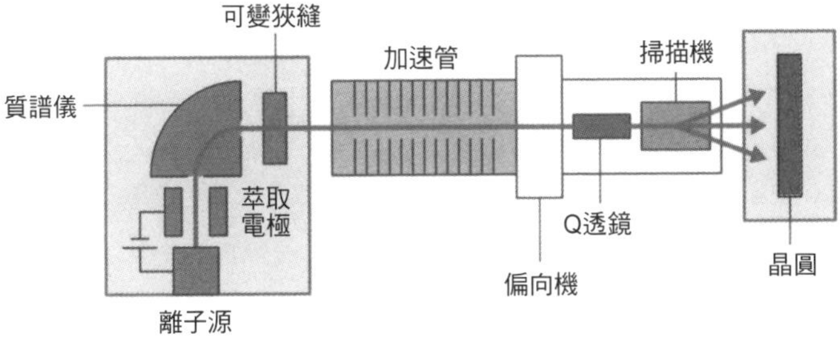

圖2-4-14　矽晶圓表面的平坦化

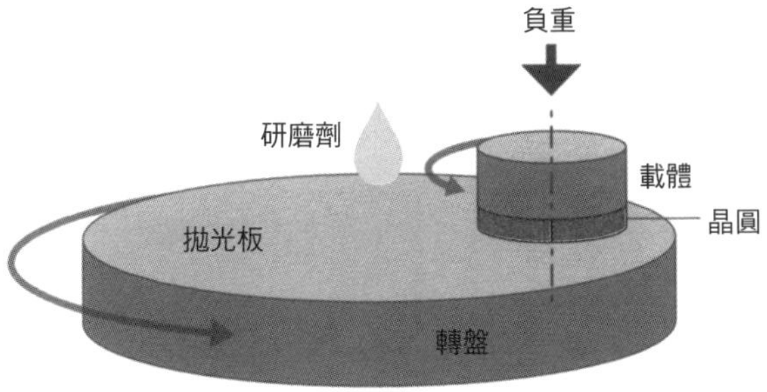

圖2-4-15　CMP使用前（右）與使用後（左）

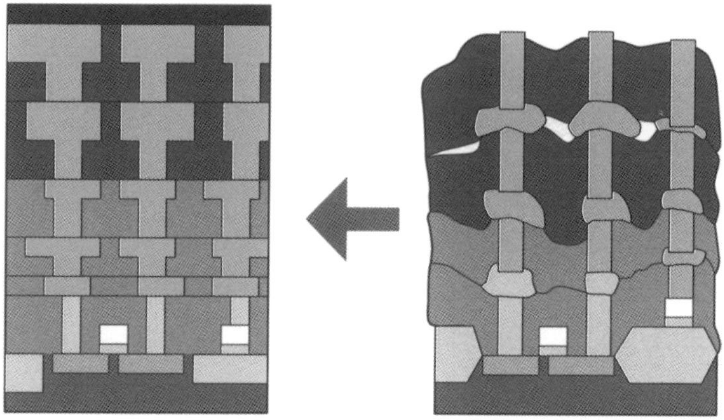

使用CMP的前、後變化。

退火、洗淨等其他製程

第六十七頁圖2-4-2的「前製程（FEOL）中的其他製程與系統」中，退火包含了爐管退火與RTA（快速熱退火：Rapid Thermal Annealing）。

爐管退火是將晶圓放入含有氮氣等無活性氣體的高溫爐中退火（圖2-4-16）。

RTA（快速熱退火）則是將晶圓放入含有無活性氣體或真空的腔體內，以電源開關控制多個紅外線燈明滅，為矽晶圓快速升降溫（圖2-4-17）。

圖2-4-2的「**洗淨**」，包含超純水洗淨、藥液濕洗淨等方法。「超純水」指的是經許多步驟處理後，不含任何微粒、有機物、氣體等雜質，極為純粹的水。用這種超純水洗淨矽晶圓後，再使其乾燥。

藥液濕洗淨中，會先以藥液洗淨矽晶圓，再用超純水沖洗、乾燥（第七十八頁圖2-4-18）。

第六十七頁圖2-4-2最後的「晶圓檢查」，是使用各種測定器，在適當時間點測定前製程中的晶圓外觀、特性（圖2-4-19）。

圖2-4-16　以爐管退火進行退火

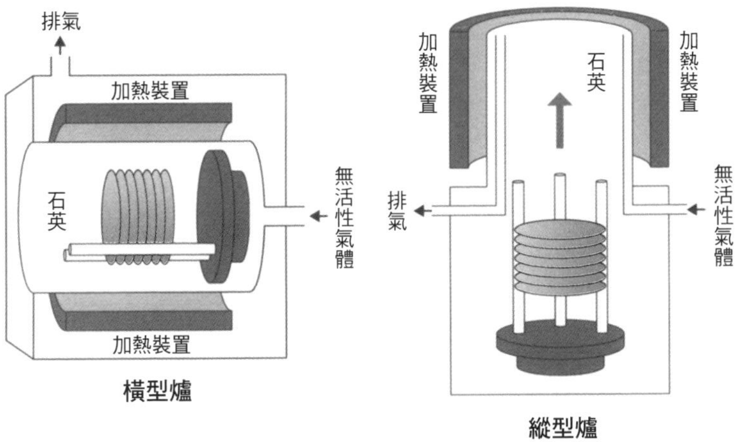

圖2-4-17　用腔體進行溫度處理（RTA）

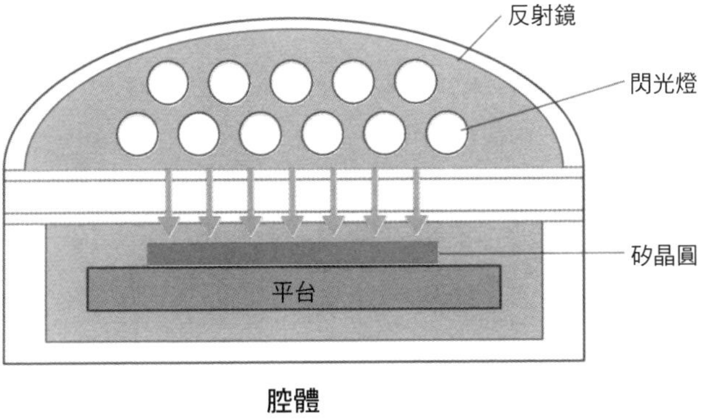

圖2-4-18　藥液濕洗淨

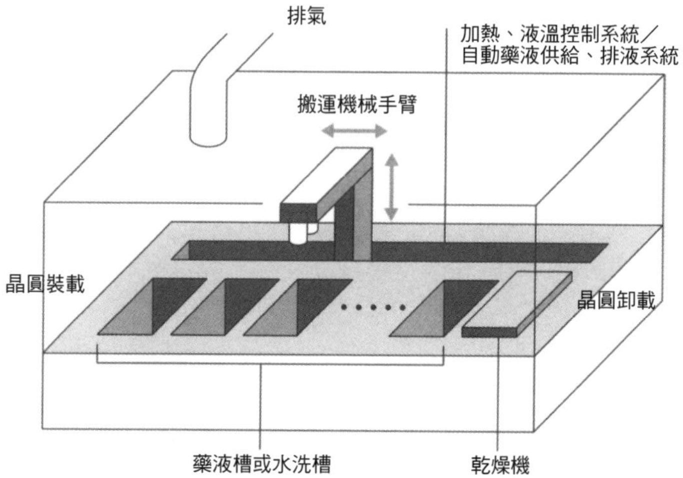

搬運系統是在無塵室內的不同矽晶圓製程之間，以AGV（無人搬運車，Auto Guided Vehicle）、OHT（懸吊式無人搬運車，Overhead Hoist Transport）等搬運晶圓的裝置（圖2-4-20）。特別是在距離遙遠的製程之間，會將矽晶圓收納於載具箱內搬運。從儲藏庫（stocker，暫時保管晶圓的設備）將矽晶圓搬進搬出時，則會使用以線性馬達驅動的懸吊搬運OHT，這種搬運系統會設計成迴圈狀。

一般會使用「CIM系統」，進行製程的設備管理、資料的蒐集與保存、統計處理與判斷等，與產品及生產線有關的控制、監視、管理。

圖2-4-19　晶圓檢查

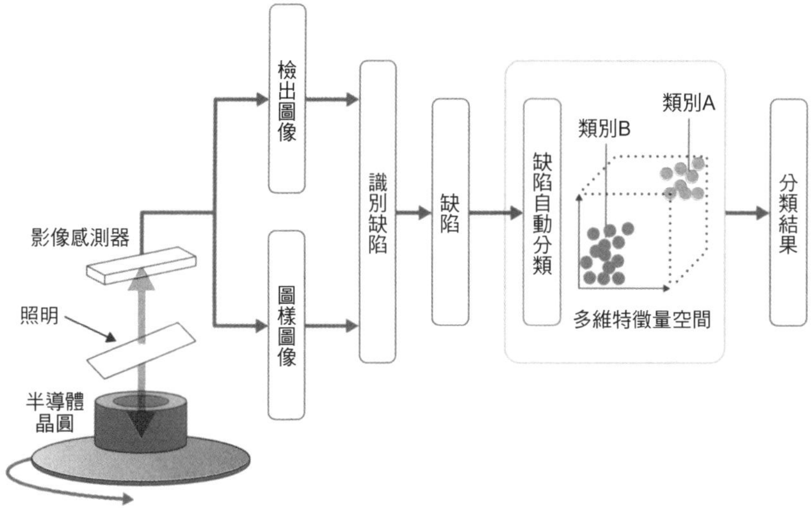

圖2-4-20　在製程間搬運晶圓的裝置

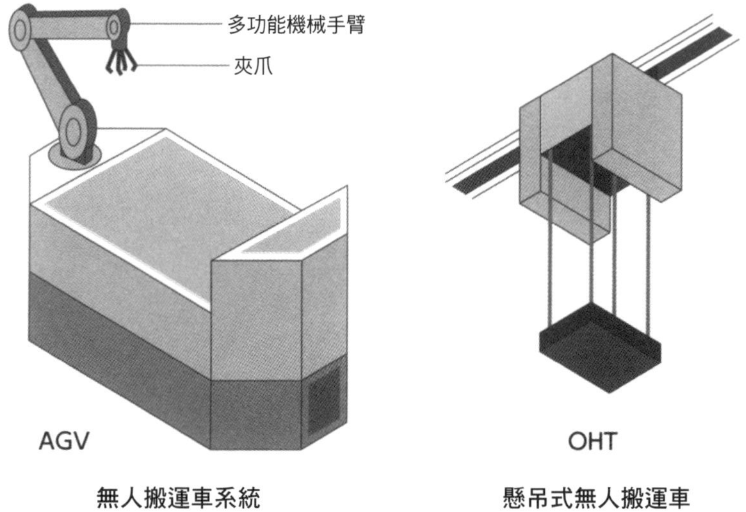

Section 05

依半導體製造過程說明相關業界的業務

2-1到2-4列出了不同層次的「半導體的製造過程」。若依照2-4第四層次，列出各製程相關的業界（設備業界與材料業界）狀態，可得到圖2-5-1。

❶設計～矽晶圓

在「**設計**」方面，EDA供應商可提供各種硬體、軟體的EDA工具，用於各種模擬、元件與製程設計、系統與電路設計、光罩設計等。

光罩廠可製作「**光罩（倍縮光罩）**」，提供給半導體廠。步進式曝光機、掃描式曝光機使用的倍縮光罩為石英基板，上有由鉻等材料製作的遮光材料膜。倍縮光罩上的圖樣大小，為實際轉印出來之圖樣大小的四倍。

為了在轉印時準確呈現出光罩上的圖樣，會用到各種高解析度技術。EUV曝光用的光罩，僅能使用「反射型」光罩，由鉬與矽的多層膜構成，擁有複雜的結構。

「**矽晶圓**」有多種直徑（六、八、十二、十八吋）。製作不同元件時，會使用不同電特性的矽晶圓。直徑大的矽晶圓通常用於先進製程的生產線，不過在二〇二二年七月時，還不存在使用十八吋晶圓做為基板的商用晶片生產線。

十八吋的矽晶圓確實存在，但在經濟要素（是否能將成本降低到合理範圍）與技術問題等原因下，半導體製造廠並沒有投資建設十八吋晶圓的晶片廠。因此，目前量產的晶圓最大直徑為十二吋。

圖2-5-1　半導體第四層次的各製程中，分別會接觸到的製造設備業界、材料業界

半導體製程	設備業界	材料業界
設計	EDA工具	
光罩（倍縮光罩）		光罩（倍縮光罩）
矽晶圓		矽晶圓（直徑為6、8、12、18吋）
熱氧化	熱氧化爐	氧化性氣體（乾O_2、濕O_2、水蒸氣）
CVD	CVD設備	原料氣體
PVD	濺鍍裝置	濺鍍靶材
ALD	ALD設備	原料氣體
鍍銅	電鍍設備	鍍銅液
光阻劑塗佈	塗佈機（coater）	光阻劑
曝光	曝光機（KrF、ArF、ArF液浸、EUV、步進式曝光、掃描式步進式曝光）	光罩（倍縮光罩）
顯影	顯影機（developer）	顯影液
乾式蝕刻	乾式蝕刻機	蝕刻用氣體
濕式蝕刻	濕式蝕刻機	藥液
熱擴散	擴散爐	導電性雜質氣體
離子植入	離子植入機	導電性雜質氣體
CMP	CMP裝置	研磨劑
爐管退火	退火爐	N_2氣體等
RTA	燈管退火爐	N_2氣體等
超純水	超純水供應設備	
晶圓、探針檢查	測試儀	針測機、探針卡（零件）
晶圓搬運	AGV、OHT、OHS	
晶圓檢查	自動外觀檢查裝置、顯微鏡	
CIM	CIM系統（生產管理、製程監視、資料分析系統）	
切割	切割機	
黏片	黏片機	導線架
焊線接合	接合機	金、鋁的細線
樹脂封裝	樹脂封裝機	熱固性樹脂
鍍焊料	鍍焊料槽	焊料
導線加工	導線加工機	
刻印	刻印機	
可靠度試驗	燒機爐	
最終檢查	測試儀	

❷熱氧化～鍍銅

「**熱氧化**」會用到名為氧化爐的加熱裝置，將矽晶圓放入熱石英管內，注入氧化性氣體（乾燥氧氣O_2、濕潤氧氣O_2、水蒸氣等）。

氧化爐可依爐心管的方向，分成縱型爐與橫型爐。

「**CVD**」是使用CVD設備，依照欲形成之薄膜的材料，注入原料氣體，以熱或電漿等方式給予能量，使氣體產生化學反應，使其在矽晶圓上沉積出特定薄膜。

「**PVD**」的代表性方法為濺鍍。在濺鍍過程中，須將膜材料製成圓盤狀的濺鍍靶，然後用高速氬氣分子撞擊，使彈射出來的元素在矽晶圓上堆積成膜。

「**ALD**」是使用ALD設備，在短時間內多次注入、排出各種原料氣體（前驅物），使特定原子能在晶圓上形成一層層單一原子厚度的膜。

「**鍍銅**」會使用電鍍設備與鍍銅液，以電鍍方式形成相對較厚的銅膜。

❸光阻劑塗佈～蝕刻（乾式蝕刻、濕式蝕刻）

「**光阻劑塗佈**」是使用塗佈機在各種薄膜上塗佈光阻劑。光阻劑的種類繁多，曝光需要的光源各有不同，另外還可分成正性光阻劑、負性光阻劑、化學加強型光阻劑等。

「**曝光**」是使用曝光機（步進式曝光機、掃描式曝光機），使光源（KrF準分子雷射、ArF準分子雷射、ArF浸潤曝光）的光通過光罩（倍縮光罩），將圖樣縮小後曝光。因此，步進式曝光機、掃描式曝光機也叫做縮小投影曝光設備。EUV光源的波長過短，無法使用穿透型光罩，須使用反射型光罩，結構較為複雜。

「**顯影**」是使用顯影機，用顯影液使曝光完畢的矽晶圓顯影，將光罩圖樣轉印到光阻劑上，形成縮小版圖樣。

「**乾式蝕刻**」是使用乾式蝕刻機，依照欲蝕刻之材料選擇適當蝕刻氣體，使用電漿做為能量來源，激發氣體，去除未被光阻劑覆蓋部分的薄膜材料，使圖樣轉印到光阻劑上。

「**濕式蝕刻**」是使用濕式蝕刻機，依照材料層，選擇適當藥液，溶解、去除部分或全部的材料薄膜。

❹擴散（熱擴散）～RTA

「**熱擴散**」是將矽晶圓放入加熱的擴散爐內，注入導電性雜質氣體，使矽晶圓表面附近或矽晶圓上方形成半導體膜。

「**離子植入**」是使用離子植入機，以電場加速導電性雜質離子，將其打入矽晶圓表面附近或矽晶圓上方的部分或整面半導體膜。

「**CMP**」是使用CMP設備，加入研磨劑，研磨矽晶圓上的絕緣膜或導電膜，使其變得更為平坦。

「**爐管退火**」是將矽晶圓置入退火爐，提升溫度，再注入非活性氣體的氮氣進行退火（anneal）。

「**RTA**」是使用紅外線進行燈退火，在非活性氣體或真空內，使矽晶圓急速升、降溫，在短時間內退火。

「**超純水**」指的是去除微粒（particle）、有機物的純水，可用於洗淨晶圓。

❺良品檢查～搬運、CIM控制

「**晶圓、探針檢查**」是使用測試儀以及與之連動的針測機探針，接觸矽晶圓中一個個IC晶片用以連接外部的電極，測定晶片是否符合產品規格，辨別出良品與不良品。

「**晶圓搬運**」指的是在無塵室內的各個製程之間搬運矽晶圓，會使用AGV、OHT、OHS等系統。

「**晶圓檢查**」是使用顯微鏡等工具，目視檢查晶圓外觀。

「**CIM**」是前製程中，進行設備作業條件的線上下載、設備或搬運機的控制、資料蒐集與分析、統計處理的系統。不同的半導體廠，會用不同方式建構CIM，有些是自行建立系統，有些是委託外部公司建立系統，有些則是兩者組合。

❻切割～樹脂封裝

「**切割**」是在晶圓檢查結束，晶圓經背面研磨而變薄後，沿著晶片周圍的分割線（scribe line），切出一個個晶片。

封裝工程的「**黏片**」，也叫做die bonding，是使用銀黏劑，將良品晶片黏在導線架的載板上。

「**焊線接合**」是使用接合機設備，以金或鋁製的細線，連接已固著之晶片上的外部電極，以及導線架上的導線。

「**樹脂封裝**」是在接合結束後，用樹脂封裝機，以熱固性樹脂封住晶片。

❼鍍焊料～最終檢查

「**鍍焊料**」是使用電鍍設備，將導線架上未被樹脂包覆的導線鍍上焊料準備用以焊接。因為焊接方式較方便我們將IC裝在印刷電路板上。鍍焊料也可以增加導線彎曲時的強度。

「**導線加工**」是使用導線加工機，將導線加工成必要的形狀。刻印則是在模具封裝外殼表面，以刻印機雷射刻印出晶片的品名、公司名稱、批次編號等。

「**可靠度試驗**」是使用燒機爐，對封裝好的IC施加高電壓與高溫，進行加速老化測試，以確認IC的可靠度。

「**最終檢查**」則是用測試儀，檢查、判斷IC是否符合產品規格。

半導體製造的CIM系統中，SPC（統計製程管制）是相當重要的功能。這個功能能以統計方式處理主要製程中，元件尺寸等成品的資料，判斷設備是否正常作業，並給予回饋。

具體來說，這套系統可以判斷成品是否在符合規格的範圍內。不僅如此，如果設定以下判斷基準，這套系統還能用統計方式判斷製程的變化是否穩定。

- 資料變化是否持續往上或往下？
- 資料變化是否上下變動劇烈？
- 與過去的資料變化相比（譬如一個月前、一週前）現在的資料變化有何不同？

若CIM判斷「異常！」就會發出警報，使負責的技術人員能迅速處理，防範異常於未然。

專欄

圖像、矩陣、輝達

數位顯示器（液晶顯示器或OLED顯示器等）的圖像，是由名為**像素**（pixel）的最小單位顏色資訊（色調與強度）組成。圖像由像素構成，而像素通常排列成方格狀。像素數可寫成「縱向像素數×橫向像素數」的形式。譬如120萬像素可以是指縱向1280像素×橫向960像素排列成方格狀的圖像。近年來的智慧型手機至少都有Full HD（1920×1080）的顯示器，所以解析度達200萬像素。

因為圖像的像素排列如此，所以在顯示影片時，須指定各個像素的顏色資訊，並呈現出各像素狀態隨時間的變化。

在顯示圖片或影片時，須指定各像素狀態以及其變化。我們可以將像素的二維排列狀態整合成一筆資料來處理，稱做**「矩陣」（matrix）**。用各種方式處理矩陣，便可以隨意顯示出圖片或動畫。此時會用到名為**線性代數**的數學領域，進行各種矩陣運算。

矩陣的加法相當於圖片重疊，減法相當於圖片反重疊。乘上特殊形狀的矩陣後，可使圖片縮放、翻轉、旋轉、扭曲等等。處理影片時，常會用到矩陣的乘法。

不過，即使是最單純的矩陣運算，計算起來也相當繁雜。如果是1920×1080的矩陣乘法，須進行龐大的乘法加總運算（將相乘結果加總起來的計算）。處理影片時，若用泛用的CPU進行這種乘法加總運算，效率相當差，所以需要專為乘法加總運算設計的**GPU**（圖形處理器）來處理。瞄準這項需求，開發GPU產品的輝達公司（NVIDIA）便獲得了巨大成功。

第三章

各業界的業務內容與代表性廠商

Section 01

生產半導體產品的業界

半導體產業其實是由許多產業組合而成。本章將介紹這些產業的業務內容，以及代表性廠商。

聽到「半導體廠」時，每個人聯想到的定義都不太一樣。本書對半導體廠的定義較偏向一般定義。也就是說，符合

半導體廠……由自家公司企劃、開發半導體，並產品化的產業。

這個定義的廠商，便稱做半導體廠。

半導體廠還可分成**IDM**（整合元件製造商）、**無廠半導體公司**（fabless）、**IT大廠**等。

①IDM（整合元件製造商）

如同在第一章中提過的，IDM指的是「從半導體的設計、製造到販賣業務全包的企業」。代表性的IDM廠與他們的主要產品如次頁圖（圖3-1-1）。另外，產品細節請參考圖4-5-2。

英特爾（Intel Corporation，美國）的主要半導體產品為**MPU**（Micro Processor Unit，微處理器）。我們常可在個人電腦上看到「Intel inside」（裡面有Intel）的貼紙，就是指這家公司。CPU也叫做微處理器，相當於電腦的「頭腦部分」，是相當重要的半導體。

相對於此，**三星電子**（Samsung Electronics Co., Ltd.，韓國）、**SK海力士**（SK Hynix Inc.，韓國）、**美光科技**（Micron Technology, Inc.，美國）、**鎧俠**（KIOXIA Corporation，日本）、威騰電子（美國）

圖3-1-1　IDM企業與他們的主要產品

英特爾（美國）	MPU（微處理器）、NOR快閃記憶體、GPU、SSD、晶片組
三星電子（韓國）	記憶體（DRAM、NAND快閃記憶體）、影像感測器
SK海力士（韓國）	記憶體（DRAM、NAND快閃記憶體）
美光科技（美國）	記憶體（DRAM、NAND快閃記憶體、SSD）
德州儀器（美國）	DSP（數位訊號處理器）、MCU（微控制器）
英飛凌科技（德國）	MCU、LED驅動器、感應器
鎧俠（日本）	記憶體（NAND快閃記憶體）
意法半導體（瑞士）	MCU、ADC（類比數位轉換器）
索尼（日本）	影像感測器
恩智浦半導體（荷蘭）	MCU、ARM架構
威騰電子（美國）	記憶體（NAND快閃記憶體、SSD）

MPU：Micro Processor Unit
DRAM：Dynamic Random Access Memory
LED：Light Emitting Diode
CPU：Central Processing Unit
SOC：System On Chip
MCU：Micro Control Unit
ADC：Analog Digital Converter
GPU：Graphics Processing Unit
SSD：Solid State Drive

等公司的主要半導體產品為**記憶體**，包括DRMA、快閃記憶體等用於「記憶」的產品。

三星電子近年來積極進入CMOS影像感測器市場，以第一名的索尼為目標急起直追。最近發表了有二億像素的影像感測器。

德州儀器（Texas Instruments Inc.，美國）的主要產品為DSP（Digital Signal Processor，數位訊號處理器）與MCU（Micro Control Unit，微控制器）。

索尼（Sony Corporation，日本）的主要半導體產品為影像感測器。**英飛凌科技**（Infineon Technologies，德國）與**恩智浦半導體**（NXP Semiconductors，荷蘭）的主要產品為MCU。意法半導體（瑞士）的產品包括MCU、ADC等。

MCU與英特爾MPU的差異在於，MPU是追求性能的產品，MCU則是性能較為普通的產品（泛用品）。兩者並沒有嚴格的區別，不過MCU多為四位元、八位元，最多到十六位元的產品；MPU則通常是三十二位元。

② 無廠半導體公司（無工廠企業）

無廠半導體公司顧名思義，就是「沒有工廠（fab，製造半導體的設施），專攻設計的企業」。設計出產品後，會委託晶片代工廠製造（前製程）、委託封測廠OSAT（後製程）。代表性的無廠半導體公司與主要產品如下（圖3-1-2）。

高通（Qualcomm, Inc.，美國）的主要產品如下表所示，是以ARM（英國）為基礎的CPU架構，名為高通驍龍（Snapdragon）。主要用於智慧型手機等行動裝置。

博通（Broadcom Inc.，美國）的主要產品包括無線網路、通訊的基礎建設等，與網路有關的處理器。

輝達（NVIDIA Corporation，美國）的主要產品為GPU（Graphics Processing Unit，圖像處理器）。GPU可用於高性能遊戲等複雜圖像處理、虛擬貨幣比特幣的挖礦等。

聯發科（Media Tek Inc.，臺灣）的主要產品為5G智慧型手機所使用的處理器。

超微半導體（Advanced Micro Devices, Inc.，美國）的主要產品為電腦、圖形處理、家電產品的處理器。該公司有時簡稱為AMD。

圖3-1-2　無廠半導體公司與主要產品

高通（Qualcomm, Inc.，美國）	名為高通驍龍（Snapdragon），以ARM為基礎的CPU架構、行動裝置SOC
博通（Broadcom Inc.，美國）	無線網路（wireless、broadband）、通訊的基礎建設
輝達（NVIDIA Corporation，美國）	GPU（圖形處理器）、行動裝置SOC、晶片組
聯發科（Media Tek Inc.，臺灣）	智慧型手機用的處理器
超微半導體（AMD，美國）	嵌入式處理器、電腦、圖形用MCU
海思半導體（HiSilicon technology Co., Ltd.，中國）	ARM架構的SOC、CPU、GPU
賽靈思（Xilinx，美國）	以FPGA為中心的可程式化邏輯裝置
邁威爾半導體（Marvell Semiconductor，美國）	網路類晶片
信芯（MegaChips Corporation，日本）	遊戲機用晶片
哉英電子（THine Electronics，日本）	介面IC

FPGA：Field Programmable Gate Array，場域可程式化邏輯陣列

圖3-1-3　GAFA等IT大廠主要製作的晶片

谷歌（Google LLC，美國）	機器學習用處理器TPU（張量處理器）
蘋果（Apple Inc.，美國）	應用處理器
亞馬遜（Amazon.com, Inc.，美國）	AI（人工智慧）用晶片
Meta（Meta Platforms, Inc.，美國，原Facebook）	AI（人工智慧）用晶片
思科系統（Cisco Systems, Inc，美國）	網路處理器
諾基亞（Nokia Corporation，芬蘭）	基地台用半導體

TPU：Tensor Processing Unit
AI：Artificial Intelligence

海思半導體（HiSilicon technology Co., Ltd.，中國）為華為（Huawei，中國）旗下廠商，主要產品為ARM架構的SOC、CPU、GPU等。

賽靈思（Xilinx，美國）的主要產品為FPGA（Field Programmable Gate Array，場域可程式化邏輯陣列）為中心的可程式化邏輯裝置。賽靈思於二〇二二年二月被AMD收購，現稱做AMD-Xilinx。

邁威爾半導體（Marvell Semiconductor，美國）以網路相關產品為主。

信芯（MegaChips Corporation，日本）以類比、數位技術為基礎，生產遊戲機所使用的LSI。

哉英電子（THine Electronics，日本）主要產品為以類比、數位技術為基礎的介面用LSI。

③大型IT企業

谷歌（Google LLC，美國）、**蘋果**（Apple Inc.，美國）、**Meta**（Meta Platforms, Inc.，原Facebook，美國）、**亞馬遜**（Amazon.com, Inc.，美國）等公司，在二〇二一年Facebook改名成「Meta」以前，人們取這四家公司的名稱首字母，稱這個超大企業群為「GAFA」。

提到原GAFA，一般人可能會覺得「他們應該不是半導體廠吧，應該只是使用半導體產品的公司不是嗎？」卻不曉得他們自己也有在製作半導體。

舉例來說，谷歌的主要晶片產品為機器學習用的TPU（Tensor Processing Unit），即張量處理器。蘋果會開發行動應用程式專用的處理器，亞馬遜與Meta的主要晶片產品則是AI（人工智慧）用晶片。

其他大型IT企業還包括**思科系統**（Cisco Systems, Inc）、**諾基亞**（Nokia Corporation）等。

不過，這些公司開發的半導體僅用於自家產品（圖3-1-3），幾乎沒有在市場上販賣。舉例來說，思科主要開發網路用處理器，諾基亞則開發基地台用的半導體。

AI加速器

圖3-1-3列出的IT大廠獨立開發的自家產品用IC晶片，皆屬於「**AI加速器**」的產品。

AI（人工智慧）加速器可加速、強化AI功能。特別是在硬體設計、電腦系統方面的設計，都是為了深度學習、機器學習的高速化。AI加速器可減少機器學習的時間與耗電量，提升AI處理的效率。

谷歌獨立開發，安卓手機「Pixel 6」搭載的**TPU**，就是機器學習特化的AI加速器。TPU的T（Tensor，張量）指的是多維矩陣之類的線性量，常用於機器學習的演算處理。一般的數字為0階張量，向量為1階張量，矩陣為2階張量。一般說的張量，指的是3階以上的張量。

Section 02

半導體代工企業

為什麼會有晶片代工廠、OSAT？

無廠半導體公司、IT大廠，有時還包括IDM企業等，會自行設計晶片，再委託其他廠商製造這些晶片。其中

（1）接受前製程委託的企業，稱做**晶片代工廠**（foundry）。

（2）接受後製程委託的企業，稱做**OSAT**（Outsourced Semiconductor Assembly and Test，封裝測試廠）。

以前市場上「生產半導體」的廠商，主要是從設計、製造到販賣，都由單一公司全包的IDM廠。在一九九〇年代以後，半導體產業走向水平分工，所以產生了晶片代工廠與OSAT等產業型態。

為什麼會出現專門接受半導體委託生產的服務呢？原因很多。首先，半導體的微型化技術急速進步，使半導體生產線（生產設備）的建設、維持、升級所需投資越來越龐大，需要的技術也越來越專精。連IDM企業都沒辦法只靠自家公司的資源，生產先進技術的半導體。

另外，晶片代工廠與OSAT廠等承接外部委託的廠商，在市場上還有一個價值，那就是維持半導體產品供需平衡用的「緩衝」。而這些外部廠商之所以委託他們製造晶片，還有一個主要理由，就是可以提升成本、交貨期方面的優勢。

這就是半導體產業中，承接委託製造半導體的廠

商。特別是前製程的晶片代工服務有了明確定位後，IDM大廠就不須要投資龐大費用購買最先進的設備，自行製造產品，而是可以利用晶片代工服務（委託其他廠商製造產品），提升自家廠商的獲利。

以下介紹代表性的晶片代工廠（圖3-2-1）與OSAT（圖3-2-2）。

晶片代工廠在做什麼業務？

「晶片代工廠」指的是那些接受無廠半導體公司或IT大廠的委託，製造他們設計的晶片，自己不設計晶片的企業。下表列出了十家主要的半導體代工廠，並簡單說明他們的業務。

首先是臺灣的台積電（TSMC，Taiwan Semiconductor Manufacturing Company, Ltd.）。日本的電視新聞中常出現該公司的名稱。台積電是世界最大的晶片代工企業，近年來因為日本政府招攬台積電到熊本設廠，而在日本掀起了話題。

三星電子（韓國）為IDM企業，同時也擁有先進半導體代工服務，在半導體產業中相當罕見。

格羅方德（GlobalFoundries，美國）是世界第三的半導體代工廠。該公司為AMD（Advanced Micro Devices, Inc.，美國）的半導體製造部門，以及原IBM半導體部門等結合而成。

聯電（UMC，臺灣）從臺灣工研院ITRI中獨立出來，為臺灣第一個半導體企業。中芯國際（SMIC，Semiconductor Manufacturing International Corporation，中國）則是中國第一個晶片代工廠。

高塔半導體（Tower Semiconductor Ltd.，以色列）在以色列、美國、日本、義大利四個地方都有工廠運作（二〇二二年二月被英特爾收購）。

力積電（PSMC，Powerchip Semiconductor Manufacturing Corporation，臺灣）主攻成熟製程（數代以前的製程）以抑制投資金額，並推動open foundry策略，向客戶租用設備來製造晶片，挑戰新的商業模式。

世界先進（VIS，Vanguard International Semiconductor Corporation，臺灣）為TSMC旗下，專門製造二〇〇 mm晶圓的晶片代工廠。

華虹半導體（Hua Hong Semiconductor Ltd.）最近與同在中國的晶片代工廠宏力（GSMC，Grace Semiconductor Manufacturing Ltd.）合併。

DB高科技（DB HiTek Co. Ltd.，韓國）致力於

圖3-2-1　全球代表性的晶片代工廠

台積電（TSMC，Taiwan Semiconductor Manufacturing Company, Ltd.）	臺灣
三星電子（Samsung Electronics Co., Ltd.），也有IDM業務	韓國
格羅方德（GlobalFoundries）	美國
中芯國際（SMIC，Semiconductor Manufacturing International Corporation）	中國
聯電（UMC，United Microelectronics Corporation）	臺灣
高塔半導體（2002年2月被英特爾收購）	以色列
力積電（PSMC）	臺灣
世界先進（VIS，Vanguard International Semiconductor Corporation）	臺灣
華虹半導體（Hua Hong Semiconductor Ltd.）	中國
DB高科技（DB HiTek Co. Ltd.）	韓國

圖3-2-2　OSAT的代表性企業

日月光（ASE）	臺灣
艾克爾科技（Amkor Technology）	美國
長電科技（JCET）	中國
矽品（SPIL）	臺灣
力成科技（PTI）	臺灣
華天（HuaTian）	中國
通富微電（TFME）	中國
京元電子（KYWS）	臺灣

少量生產多種半導體產品。

代表性的OSAT企業

全球最大的OSAT企業為臺灣的**日月光**（ASE，Advanced Semiconductor Engineering, Inc.）。ASE最近將四座位於中國的工廠，賣給了北京的私募股權基金（專門投資有成長空間之非上市企業的基金）。

艾克爾科技（Amkor Technology，美國）為OSAT的領先者。**長電科技**（JCET，中國）為中國最大的OSAT。**矽品**（SPIL）為臺灣企業，與EMS第一大廠鴻海有換股合作關係。臺灣的**力成科技**（PTI，Powertech Technology Inc.）最近收購了日本測試廠（僅進行半導體檢測業務的企業）Tera Probe成為子公司。

通富微電（TFME，中國）與華天（HuaTian，中國）以及前面提到的長電科技，為中國三大封測廠。

除此之外，臺灣的京元電子（KYWS）也是著名的封測廠。

OSAT的實際情況

承接委託製造半導體的業界中，像台積電般承接前製程委託的「晶片代工廠」備受矚目，相較於此，承接封裝、測試等後製程委託的「OSAT」廠就沒那麼引人注目了。這裡讓我們再稍加說明OSAT廠的現況。

圖3-2-3為全球OSAT的市場規模與主要企業的市占率。

OSAT在二〇一七年的市場規模為二七一億美元，非常接近世界最大晶片代工廠，台積電單一公司的總營收。由此可以看出，OSAT與晶片代工廠的市場規模差異有多大。

另外，OSAT產業中並沒有鶴立雞群的大企業，而是由多家企業分散分配市占率。因此，全世界有多達三七〇家以上的OSAT工廠，且特別集中於臺灣與中國。

圖3-2-3　OSAT的市場規模與各廠商的市占率

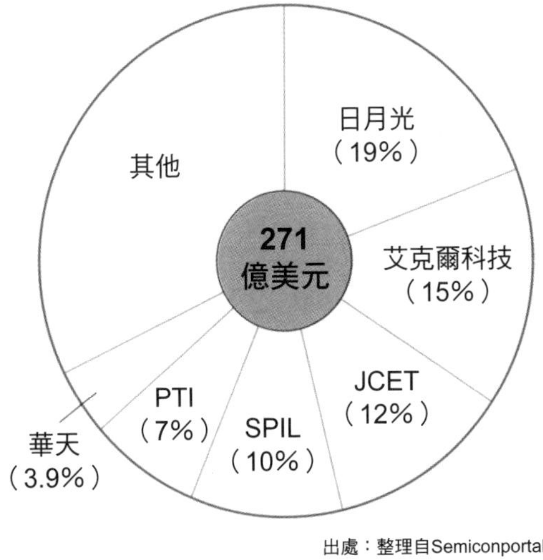

出處：整理自Semiconportal的資料

Section 03

EDA供應商

或許各位常聽到**EDA**（Electronic Design Automation）**供應商**這個詞。EDA供應商指的是那些提供軟硬體給用戶，協助用戶的電子設計工作自動化的企業。

他們的客戶是IDM企業與無廠半導體公司。EDA供應商會為客戶提供半導體設計工具（EDA工具），用於邏輯合成、電路設計、圖樣設計、佈局設計，以及用於驗證這些設計結果的軟硬體工具，並提供模擬元件、製程、電路、系統的工具（圖3-3-1）。

另外，一部分的大型EDA供應商，也會提供自家開發的IP，即同時也是「IP供應商」。

EDA供應商的業界有三大廠商，也叫做三巨頭，分別是表中的**新思**（Synopsys, Inc.）、**益華**（Cadence Design Systems, Inc.）這兩個美國公

圖3-3-1　EDA供應商的代表性企業

新思（Synopsys, Inc.）	美國
益華（Cadence Design Systems, Inc.）	美國
西門子EDA（Siemens EDA）	德國
Aldec, Inc.	美國
圖研（ZUKEN Inc.）	日本
Vennsa Technologies	加拿大
思發（Silvaco, Inc.）	美國

Vendor（供應商）原本是指販賣產品給用戶的「販賣公司」。半導體業界中，之所以常用「EDA vendor」或「IP vendor」來稱呼這些產品的供應商，是因為這些供應商是「提供這些智慧財產權，供用戶用於設計產品的公司」。

司，以及德國的**西門子EDA**（Siemens EDA）。

另外，**Aldec**（美國）擁有日本Aldec Japan K.K.公司。

圖研（ZUKEN Inc.）為提供電路設計，特別是基板設計的EDA工具的EDA供應商。

Vennsa Technologies（加拿大）與非上市公司的**思發**（Silvaco, Inc.，美國）也是著名的EDA供應商。

EDA工具的代表、階層式自動設計

如前所述，EDA供應商會提供各種半導體設計工具給IDM、IT大廠、無廠半導體公司、IP供應商等，支援這些用戶設計半導體產品（IC）。

EDA工具中，一個代表性的例子是IC（LSI）的階層式自動設計工具，其概略圖如圖3-3-2所示。

整個設計過程從基於產品規格的系統設計開始，經過功能設計、邏輯設計、佈局設計，最後製成光罩（倍縮光罩）資料。各個過程分別須使用不同的EDA工具。

圖3-3-2　階層式自動設計

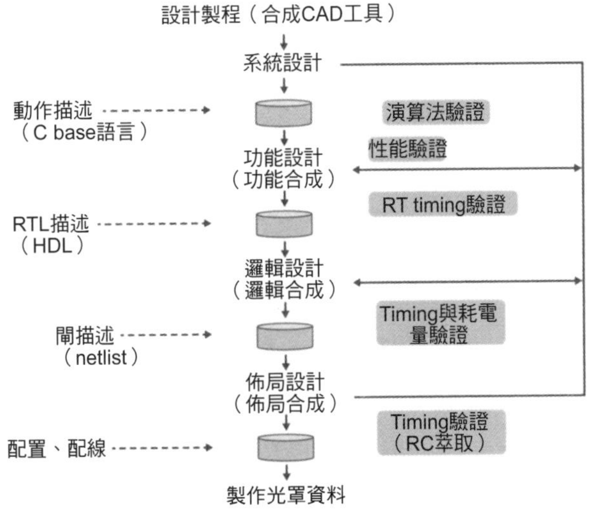

RTL：Register Transfer Level，暫存器轉移層
HDL：Hardware Description Language，硬體描述語言

Section 04

IP供應商

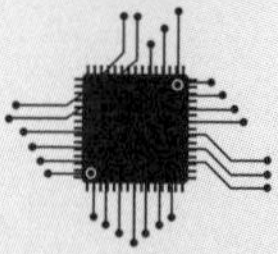

IP供應商是「提供功能區塊的企業」

IP供應商會提供「**IP**」（（矽）智財，Intellectual Property）給IDM企業或無廠半導體公司，供他們設計半導體之用。英文可稱做IP vendor或IP provider。

原本IP為「**智慧財產**」的翻譯，即擁有專利的智慧財產權。而在半導體的世界中，會將MPU、記憶體內有特定功能的結構，稱做「設計智財」，也稱做**IP**（Intellectual Property）或**巨集**（macro）。

每個IP供應商會依照各種半導體的用途與領域，開發擁有優異特性的IP並申請專利。IDM企業與無廠半導體公司可購買這些IP，應用在LSI設計上，提升產品的性能。

第一〇〇頁圖3-4-1列出了全球十家最有影響力的IP供應商，以及他們提供的產品。

IP供應商的代表企業包括英國的安謀、美國的新思

首先要介紹的是英國的「安謀」（ARM Ltd.）。安謀從嵌入式機械、低耗電應用程式到超級電腦，設計了多種機械需要的三十二位元與六十四位元架構，並專利化。二〇一六年，日本的軟體銀行以三兆日圓強行收購，並打算在二〇二〇年以四兆日圓賣給了美國的輝達。但若輝達成功買下安謀，那麼安謀擁有的智慧型手機CPU、輝達擁有的GPU就會由同一家公司獨占。因為有獨占的疑慮，所以這筆交易並沒有獲得許可，是個相當著名的案例。目前軟體銀行集團正在考慮要讓安謀在美國上市*。

*譯註：安謀已在二〇二三年九月於那斯達克上市。

圖3-4-1　全球十大IP供應商

安謀（ARM，英國）	從嵌入式機械、低耗電應用程式到超級電腦，設計了多種機械需要的架構，並專利化。
新思（Synopsys，美國）	提供各種在業界廣泛使用，對應各種介面規格，表現優異的IP解決方案組合。
益華（Cadence Design Systems，美國）	提供以Tensilica為基礎的DSP核心群、尖端記憶體與介面核心群、尖端串列介面核心群等IP核心群。
Imagination Technologies（英國）	適用於行動裝置之GPU電路IP。
Ceva（美國）	訊號處理、感測器整合、AI處理器IP。
SST（美國）	多搭載於單晶片產品之分離閘型快閃記憶體IP。該公司稱其為超級快閃記憶體（Super Flash）。
芯原（VeriSilicon，中國）	適用於圖像訊號處理器的IP。
Alphawave Semi（加拿大）	多標準連結（multi-standard connectivity）IP解決方案。
力旺電子（eMemory，臺灣）	提供四種覆寫次數不同的非揮發性記憶體IP。
Rambus（美國）	SDRAM模組中的Rambus DRAM、低耗電且能以多標準連結的SerDes IP解決方案。

Tensilica：以矽谷為根據地的半導體IP核心領域企業，現為益華的一部分。
SerDes：Serializer／Deserializer的簡稱，序列器／解序器。電腦的匯流排等結構中，用於變換序列訊號與並列訊號的電路。

美國的**新思**如前所述，既是ＥＤＡ供應商，同時也是有影響力的ＩＰ供應商，提供各種在業界廣泛使用、對應各種介面規格、表現優異的ＩＰ解決方案組合。

美國的**益華**（Cadence Design Systems）曾收購Tensilica，並提供以Tensilica為基礎的ＤＳＰ核心群、介面核心群、尖端串列介面核心群等ＩＰ。

英國的**Imagination Technologies**提供適用於行動裝置之ＧＰＵ電路ＩＰ。

Ceva（美國）提供訊號處理、感測器整合、ＡＩ處理器ＩＰ。

SST（Silicon Storage Technology，美國）提供分離閘型快閃記憶體ＩＰ，多搭載於單晶片產品上。該公司稱其為超級快閃記憶體（Super Flash）。

芯原（VeriSilicon，中國）提供適用於圖像訊號處理器的ＩＰ。

加拿大的**Alphawave Semi**提供多標準連結（multi-standard connectivity）ＩＰ解決方案。

力旺電子（eMemory，臺灣）提供四種覆寫次數不同的非揮發性記憶體ＩＰ。

Rambus（美國）提供ＳＤＲＡＭ模組中的

Rambus DRAM、低耗電且能以多標準連結的SerDes IP解決方案。

具體來說，IP究竟是什麼樣的東西呢？

前面提到，近年來的LSI設計，是由各式各樣的IP組合而成，那麼具體來說又是怎麼組合的呢？

圖3-4-2列出了IP中規模較大的巨集IP做為代表，並依照功能分類。

如表中所示，IP巨集種類包括一般功能區塊（SCA）、介面（I／O、序列、並列）、時鐘控制、記憶體（SRAM、DRAM、FLASH）、AD／DA（類比→數位、數位→類比）變換、CPU、DSP等等。

圖3-4-2　各種功能的代表性IP（巨集）

		巨集設定方式	代表性巨集名稱
功能區塊（標準單元）		硬體巨集	NAND、反相器、正反器等
介面巨集	I/O	硬體巨集	TTL、LVTTL、CMOSIF、LVDS、HSTL、SSTL
	介面巨集（序列介面）	硬體巨集 韌體巨集（軟體巨集）	USB、PCI-Express、SerialATA、XAUI
	介面巨集（並列介面）	硬體巨集 韌體巨集（軟體巨集）	SDR、DDR、SPI4、HyperTransport
時鐘控制巨集		硬體巨集 韌體巨集（軟體巨集）	PLL、DLL、SMD
記憶體巨集		硬體巨集 韌體巨集	SRAM、DRAM、FLASH
AD／DA巨集		硬體巨集	AD、DA
CPU巨集、DSP巨集		軟體巨集	ARM架構

Section 05

各種半導體製程所使用之設備、材料的代表性廠商

首先，讓我們依照前一章的圖2-2-1所列出的製程（第二層次），說明半導體設備與材料的代表廠商。製程內容已在第二章中說明，若有需要，可對照前一章的內容（正文中會標註對應的圖片編號）。

光罩（倍縮光罩）的代表企業包括美國的Photronics、日本的大日本印刷

光線透過光罩使光阻劑曝光後，可將光罩上的圖樣轉印到光阻劑上。不過以前使用的是等倍大小的光罩。後來有廠商開發出了步進式曝光機與掃描式曝光機（縮小投影曝光設備），使轉印出來的圖樣能縮小到光罩圖樣的五分之一～四分之一，稱做「倍縮光罩」（reticle）（圖3-5-1）。

圖3-5-1　EUV微影使用的光罩

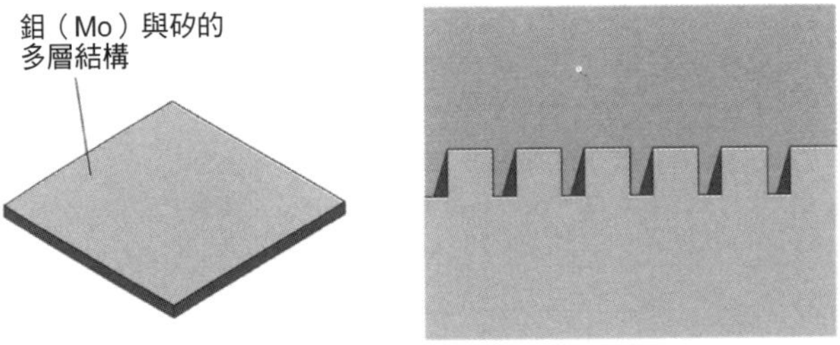

5 nm製程的光罩　　圖樣放大圖

EUV微影無法使用穿透型光罩，故須製作鉬與矽之多層結構的反射型光罩。

代表性的倍縮光罩廠包括**Photronics**（美國）、**大日本印刷**（Dai Nippon Printing，DNP，日本）、**凸版印刷**（Toppan，日本）、**豪雅**（HOYA，日本）、**日本輝爾康**（Nippon Filcon，日本），以及**SK電子**（SK-Electronics，韓國）（圖3-5-2）。

圖3-5-2　光罩（倍縮光罩）的代表性企業

Photronics	美國
大日本印刷（Dai Nippon Printing）	日本
凸版印刷（Toppan）	日本
豪雅（HOYA）	日本
日本輝爾康（Nippon Filcon）	日本
SK電子（SK-Electronics）	韓國

圖3-5-3　為提升圖樣解析度而使用的相轉移法

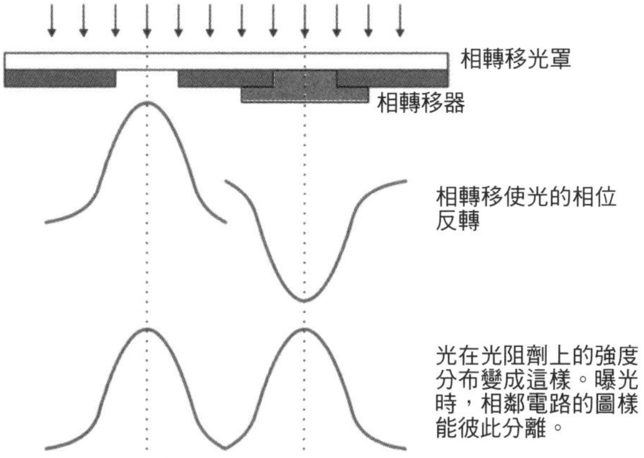
相轉移光罩
相轉移器
相轉移使光的相位反轉
光在光阻劑上的強度分布變成這樣。曝光時，相鄰電路的圖樣能彼此分離。

為提升解析度、忠實呈現圖樣，須在光罩（倍縮光罩）上下工夫

為提升曝光時的解析度或圖樣的重現度，光罩廠會使用許多方式提升光罩的品質。圖3-5-3為其中一個例子，即利用曝光光（曝光時使用的光）的干涉現象達成相轉移，藉此提升解析度。

信越化學工業為矽晶圓的代表性企業

由單晶矽圓板構成的矽晶圓，有各種大小（直徑）與特性。越先進的製程，會使用直徑越大的矽晶圓。目前主要矽晶圓產品為八吋（二〇〇mm）與十二吋（三〇〇mm）。

目前十八吋（四五〇mm）晶圓正在

開發中，但還無法量產。

先進製程之所以偏好使用直徑大的晶圓，是因為越大的晶圓，上面可以製作的半導體（ＩＣ）數目也比較多。如此一來，便能降低單一晶片的成本，降幅達二〇～三〇％（圖3-5-4）。

圖3-5-4　晶圓上的有效晶片數

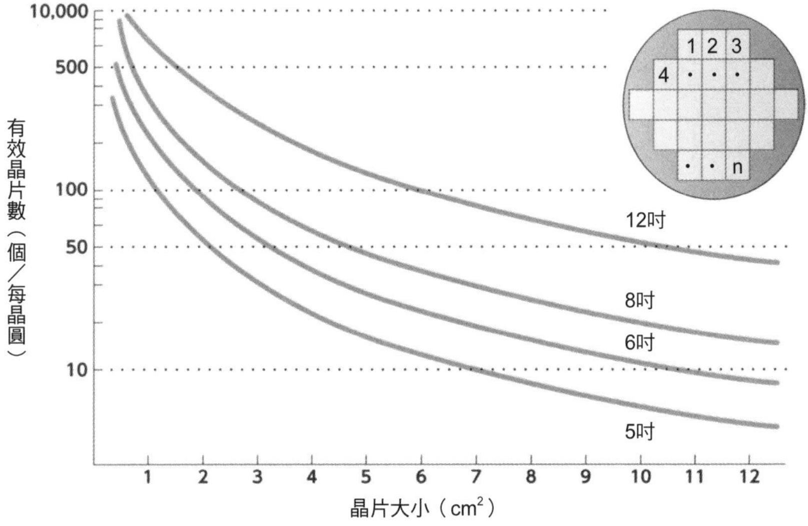

圖3-5-5　矽晶圓的代表性廠商

信越化學工業（Shin-Etsu Chemical）	日本
環球晶圓（GlobalWafers）	臺灣
勝高（SUMCO）	日本
SK Siltron	韓國

Section 06

從熱氧化到鍍銅

熱氧化設備的代表性企業如東京威力科創

熱氧化就是在晶圓表面生成「氧化物薄層」的製程。這是將矽晶圓放入加熱到九〇〇～一〇〇〇℃的石英管爐（熱氧化爐）內，通入氧化性氣體（乾燥O_2、濕潤O_2、水蒸氣等），使矽（Si）與氧（O_2）產生化學反應，生成二氧化矽膜（SiO_2）的製程（↓參考第六十八頁圖2-4-3）。

二氧化矽膜是非常優異的絕緣膜。而且，二氧化矽與矽的介面（Si-SiO_2）擁有相當穩定的電特性。另外，依照石英管的水平或垂直，可將熱氧化爐分成橫型爐與縱型爐。

熱氧化爐的原理基本上與之後會提到的「熱擴散爐」「退火爐」（熱處理爐）相同。熱擴散爐的

圖3-6-1　熱氧化爐的企業

東京威力科創（Tokyo Electron Limited）	日本
國際電氣（Kokusai Electric）	日本
ASM國際（ASM International）	荷蘭
大倉電氣（Ohkura Electric）	日本
Tempress Systems	荷蘭
捷太格特（JTEKT）	日本

代表性廠商包括東京威力科創、國際電氣、ASM國際（ASM International，荷蘭）、大倉電氣、Tempress Systems（荷蘭）、捷太格特（原 光洋熱系統）等。

CVD（化學氣相沉積）的代表性企業包括美國的應用材料、美國的科林研發

將矽晶圓放入反應室（腔體）後，依照欲沉積之薄膜種類，通入多種原料氣體，以熱、電漿、光激發氣體產生化學反應，在晶圓上沉積出特定薄膜（↓參考第六十九頁）圖2-4-4。

沉積的薄膜種類包括絕緣膜（SiO_2、SiN_x、SiON等）、金屬膜（W等）、半導體膜（Poly-Si），以及其他種類的膜。另外，還可以分成常壓沉積與減壓沉積。

CVD設備的代表性廠商包括美國的**應用材料**（AMAT）、**科林研發**（Lam Research Co., Ltd.）、荷蘭的**ASM國際**（ASM International N.V.）、以及日本的**東京威力科創**、**日立國際電氣**、**日本ASM**、韓國的**周星工程**（Jusung Engineering Co., Ltd.）等（圖3-6-2）。

圖3-6-2 主要CVD設備廠

應用材料（Applied Materials，AMAT）	美國
科林研發（Lam Research）	美國
東京威力科創（Tokyo Electron Limited）	日本
ASM國際（ASM International）	荷蘭
日立國際電氣（Hitachi Kokusai Electric）	日本
周星工程（Jusung Engineering）	韓國
日本ASM（ASM Technologies）	日本

圖3-6-3　主要濺鍍設備企業

應用材料（Applied Materials，AMAT）	美國
優貝克（Ulvac）	日本
佳能**Anelva**（Canon Anelva）	日本
北方華創（NAURA Technology）	中國
芝浦機械電子（Shibaura Mechatronics）	日本
東橫化學（Toyoko Kagaku）	日本
日本**ASM**（ASM Technologies）	日本

PVD（物理氣相沉積）的代表性企業包括美國的應用材料、日本的優貝克

濺鍍為PVD的代表性方法。所謂的濺鍍，是將成膜材料製成圓盤狀的標靶，置於濺鍍設備內，以高速氬原子撞擊，使反彈出來的材料分子沉積在矽晶圓上（↓參考第六十九頁圖2-4-5）。

PVD相關企業包括濺鍍設備企業，以及濺鍍靶材企業。

代表性的濺鍍設備廠包括美國的**應用材料**（AMAT）、日本的**優貝克**（Ulvac）、佳能Anelva、**芝浦機械電子**、**東橫化學**，以及中國的**北方華創**等（圖3-6-3）。

濺鍍靶材企業則包括日本的**JX金屬**、**高純度化學研究所**、**優貝克**、三井金屬礦業、**三菱綜合材料**、**Furuuchi Chemical**、**大同特殊鋼**等，都集中在日本（圖3-6-4）。

本書以CVD及濺鍍，表現出了CVD（化學氣相沉積）與PVD（物理氣相沉積）的差異，請參考次頁圖3-6-5。

圖3-6-4　主要的濺鍍靶材企業

JX金屬（JX Metals）	日本
高純度化學研究所（Kojundo Chemical Laboratory）	日本
優貝克（Ulvac）	日本
三井金屬礦業（Mitsui Mining & Smelting）	日本
三菱綜合材料（Mitsubishi Materials）	日本
Furuuchi Chemical	日本
大同特殊鋼（Daido Steel）	日本

圖3-6-5　CVD（左）與PVD（右）的差異

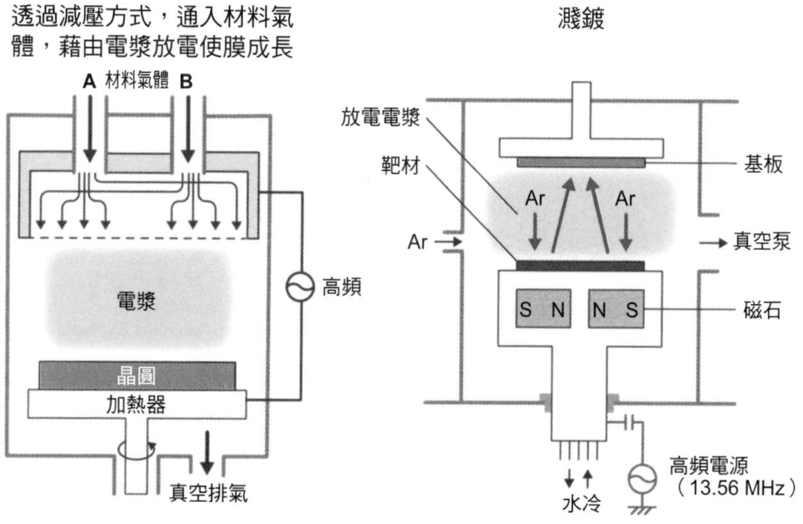

圖3-6-6　主要ALD企業

應用材料（Applied Materials，AMAT）	美國
科林研發（Lam Research）	美國
英特格（Entegris）	美國
威科（Veeco）	美國
東京威力科創（Tokyo Electron Limited）	日本
Beneq Oy	芬蘭
ASM國際（ASM International）	荷蘭
Picosun Oy	芬蘭

ALD（原子層沉積）的代表性企業如美國的應用材料

ALD（Atomic Layer Deposition）是在短時間內，依照欲沉積的薄膜種類，對裝有晶圓的腔體多次注入、排出各種材料氣體，使特定原子能在晶圓上形成一層層單一原子厚度的膜（↓參考第七〇頁圖2-4-6）。

代表性的ALD設備廠包括美國的應用材料、科林研發、英特格、威科、日本的東京威力科創、芬蘭的Beneq Oy、Picosun Oy，以及荷蘭的ASM國際等（圖3-6-6）。

鍍銅膜的代表性企業包括荏原製作所、東京威力科創

先進半導體（VLSI）為了減少配線電阻，提升電流密度與電遷移耐性（通電時會損傷材料的現象），會使用銅配線。不過銅材料難以進行乾式蝕刻等細微加工，故會使用鑲嵌製程（damascene process）。

鑲嵌製程簡單來說就是模仿鑲嵌方法，在底下

的絕緣膜預先製作溝槽狀的配線圖樣，然後用電鍍方式，在上方沉積一層相對較厚的銅膜。接著在用CMP方法從上方研磨，將溝槽外的銅磨掉，便可形成銅配線。這個過程稱做單鑲嵌。

鑲嵌製程不僅可用於製作配線，半導體廠還會用雙鑲嵌製程，製作連接多層配線之上下結構的通孔（Via）。另外在製作**矽穿孔**（Through Silicon Via，簡稱**TSV**）時，也會以鍍銅方式製作。使用鍍銅設備，會將矽晶圓浸在鍍銅液中電鍍（↓參考第七十一頁圖2-4-7）。

TSV使高密度的3D封裝化為可能。這可以取代過去的焊線接合，透過IC晶片的TSV連接上下晶片，縮短配線長度，大幅提升IC的運作速度、改善耗電量。舉例來說，三星電子便試圖透過TSV，將DRAM模組應用在智慧型手機上，大幅提升DRAM速度，並改良與CPU的接觸以降低耗電。另外，矽的TSV技術也用於中介層（interposer，連接正反兩面電路的矽基板），以連接多個IC晶片與基板。

代表性的鍍銅設備廠包括日本的**茌原製作所**、Science-eye、**東設**、**東京威力科創**、**EEJA（原日本電鍍工程株式會社）**、**日立電力解決方案**、美國的**應用材料**、**諾發系統**等（圖3-6-7）。

圖3-6-7　主要的鍍銅設備廠

茌原製作所（Ebara Corporation）	日本
東設（Tosetz）	日本
東京威力科創（Tokyo Electron Limited）	日本
應用材料（Applied Materials，AMAT）	美國
諾發系統（Novellus Systems）	美國
EEJA（原 日本電鍍工程株式會社）	日本
日立電力解決方案（Hitachi Power Solutions）	日本

Section 07

從光阻劑塗佈到晶圓蝕刻

光阻劑的代表性企業包括日本的JSR、住友化學

微影製程是用來製作電路圖樣的製程。微影製程中，會先在矽晶圓上塗佈一層感光性樹脂（光阻劑）的薄膜表面，然後讓光通過光罩，將光罩上的圖樣（縮小轉印）轉印到光阻劑上（↓參考第七十一頁圖2-4-8到第七十三頁圖2-4-10的三張圖）。

光阻劑可分為正性／負性光阻劑，還可依照曝光所使用的光源波長，分成多種類別。

光阻劑的代表性廠商包括日本的**JSR**、**住友化學**、**東京應化工業**、**富士軟片**、**信越化學工業**、**力森諾科（原昭和電工）**等（圖3-7-1）。

代表性的光阻劑塗佈設備（coater）廠商包括

圖3-7-1　主要光阻劑製造廠

JSR	日本
東京應化工業（Tokyo Ohka Kogyo）	日本
信越化學工業（Shin-Etsu Chemical）	日本
住友化學（Sumitomo Chemical）	日本
富士軟片（Fujifilm）	日本
力森諾科（Resonac）	日本

圖3-7-2　代表性的光阻劑塗佈設備廠

東京威力科創（Tokyo Electron Limited）	日本
SCREEN	日本
細美事（SEMES）	韓國

日本的東京威力科創、SCREEN、韓國的細美事（SEMES）等（圖3-7-2）。

曝光機的代表性企業包括荷蘭的艾司摩爾、日本的尼康

移動矽晶圓，使其重複步進對準（step & repeat），同時讓光通過光罩（倍縮光罩），使光罩圖樣縮小至四分之一～五分之一，投影在光阻劑上，燒刻光阻劑。這種設備稱做步進式曝光機（Stepper）（→參考第七十二頁圖2-4-9）。

要在晶圓上燒刻越細微的圖樣，就須要使用波長越短的光源。目前半導體廠會使用波長為四三六奈米（nm＝10^{-9}m）的g線、三六五奈米的i線、二四八奈米的KrF準分子雷射、一九三奈米的ArF準分子雷射的短波長光線。還會用ArF浸潤曝光方法，在物鏡與光阻劑之間，加入折射率為一・四四的水，使解析度提升至一・四四倍。或者使用多重曝光方式，形成更細微的圖樣（圖3-7-3）。

步進式曝光機中，只有晶圓平台在移動。掃描式曝光機（scanner）中，則是晶圓平台與倍縮光罩兩者都在移動（圖3-7-4）。

圖3-7-3　雙重曝光的例子

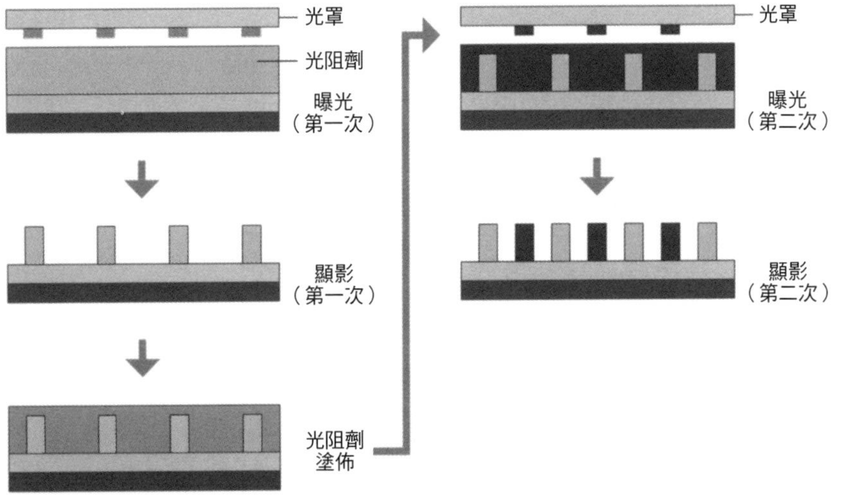

圖3-7-4　比較掃描式曝光機與步進式曝光機

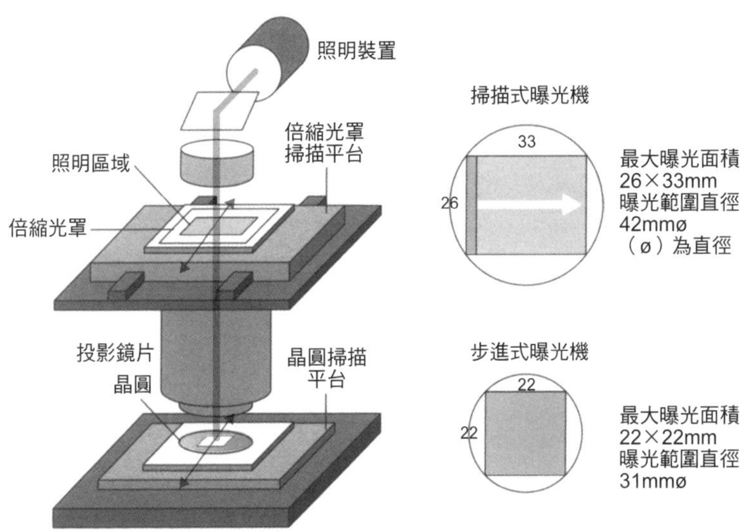

掃描式曝光機可利用透鏡像差較小的部分，得到較廣的曝光範圍。前面提到的，光源為KrF準分子雷射以後（包括部分i線開始）的曝光機，主要都是掃描式曝光機。

近年來，在製作七nm以下的細微圖樣時，會使用波長十三・五nm的EUV（Extreme Ultra Violet：極紫外光）來曝光（圖3-7-5）。EUV曝光機會使用結構複雜的反射鏡與光罩來曝光。

曝光機廠商包括荷蘭**艾司摩爾**、日本的**尼康**、**佳能**，為全球三強的寡占市場。不過可惜的是，能製作EUV曝光機的廠商只有艾司摩爾一家（圖3-7-6）。

顯影領域的代表性企業與光阻劑企業相同

矽晶圓曝光後會使用顯影機（developer）、顯影液來顯影。若使用正性光阻劑，那麼曝光到的區域會被顯影液溶解；若使用負性光阻劑，那麼未曝光到的區域會被顯影液溶解。顯影後，光阻劑就會呈現出圖樣（↓參考第五十八頁圖2-3-3）。

現在的顯影機與塗佈機多整合成一台設備，因此顯影機廠商與前面介紹的光阻劑塗佈機廠商大致相同。

圖3-7-5　EUV曝光機的運作機制

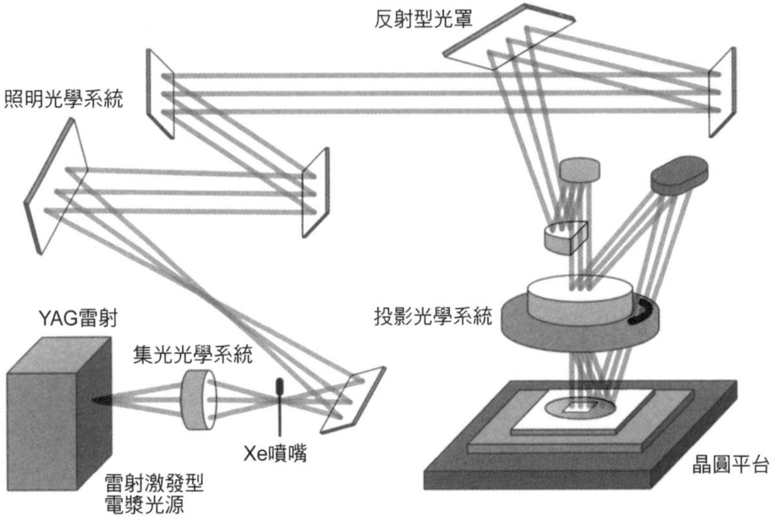

乾式蝕刻的代表性企業包括美國的科林研發、東京威力科創

蝕刻指的是用某種方式在矽半導體表面上，或者是半導體表面的各種薄膜上刻出圖樣的製程。蝕刻可分為乾式蝕刻與濕式蝕刻兩種。

乾式蝕刻是使用活性氣體、離子、自由基等物質，選擇性地去除未被光阻劑覆蓋的薄膜區域，使薄膜上形成圖樣（↓參考第五十九頁圖2-3-4）。

乾式蝕刻設備的代表性廠商包括日本的**東京威力科創**、**日立先端科技**，以及美國的**科林研發**、**應用材料**等，這四家公司為乾式蝕刻設備的四強（圖3-7-7）。

濕式蝕刻的代表性企業包括日本的SCREEN、美國的科林研發

相對於乾式蝕刻，濕式蝕刻是使用藥液溶解部分或整面薄膜材料的方法。濕式蝕刻設備廠包括日本的**SCREEN**、**Japan Create**、Mikasa、以及美國的科林研發（圖3-7-8）。

圖3-7-6　代表性的曝光機廠商

艾司摩爾（ASML）	荷蘭
尼康（Nikon）	日本
佳能（Canon）	日本

圖3-7-7　乾式蝕刻設備的代表性企業

科林研發（Lam Research）	美國
東京威力科創（Tokyo Electron Limited）	日本
應用材料（Applied Materials，AMAT）	美國
日立先端科技（Hitachi High-Technologies）	日本
SAMCO	日本
芝浦機械電子（Shibaura Mechatronics）	日本

＊SAMCO與圖3-5-4的SUMCO為不同公司

圖3-7-8　濕式蝕刻設備的代表性企業

SCREEN	日本
科林研發（Lam Research）	美國
Japan Create	日本
Mikasa	日本

乾式蝕刻的二三事

如同前面所說明的，半導體製造設備包含了各式各樣的設備，分別有著不同功能。而近年來，**乾式蝕刻設備**成了規模最大的市場。

異向性蝕刻是乾式蝕刻的最大特徵之一，蝕刻用物質不會橫向蝕刻，僅會縱向蝕刻。這讓工程師可以在蝕刻時加工成垂直形狀，使成品能忠實呈現設計圖樣，得到細微的結構。圖3-7-9便比較了異向性蝕刻與等向性蝕刻（蝕刻同時朝各個方向進行。包括濕式蝕刻與部分乾式蝕刻）的差異。

異向性蝕刻一般稱做RIE（反應離子蝕刻）。

圖3-7-9　異向性蝕刻

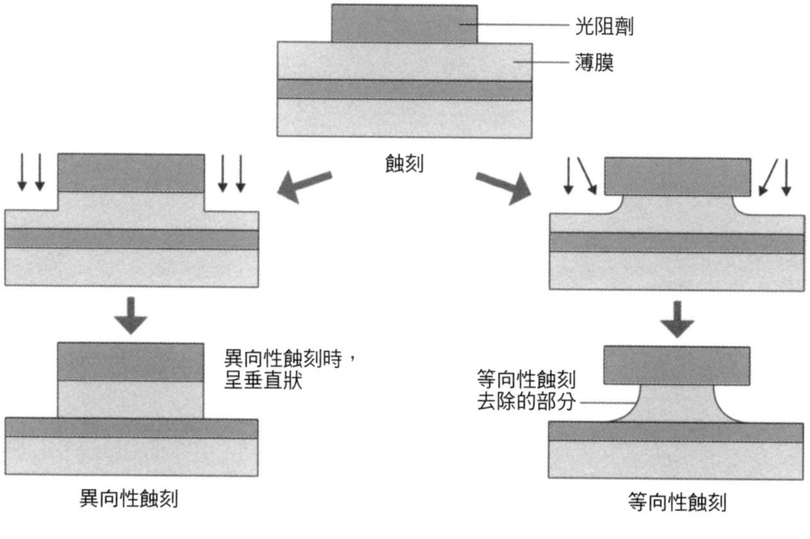

Section 08

從導電性雜質擴散到RTA

本節要說明的第一個製程是「擴散」。不過，擴散爐與前面提到的熱氧化爐幾乎相同，只是另外加上導電性雜質氣體的供應裝置而已，所以這裡省略擴散爐的說明。

離子植入的代表性企業如美國的漢辰科技

以光阻劑、材料薄膜為遮罩，用電場加速導電性雜質，打入矽晶圓的表面，以將這些雜質摻入矽晶圓表面附近，形成P型或N型區域（↓參考第七十五頁圖2-4-13）。

離子植入設備廠包括美國的漢辰科技（AIBT，Advanced Ion Beam Technology）、Amtech Systems、應用材料、亞舍立科技（Axcelis Technologies）、日本的日新電機、住友重機械離子科技、優貝克等（次頁圖3-8-1）。

CMP的代表性企業包括美國的應用材料、日本的荏原製作所

CMP是一邊加入含研磨材料微粒之膠體溶液（研磨劑），一邊轉動研磨板，並將矽晶圓壓向研磨板，透過化學性或機械性反應，研磨矽晶圓表面，使其平坦化的製程（↓參考第七十五頁圖2-4-14）。

CMP可得到非常平坦的表面，故也叫做鏡面拋光。CMP包括金屬類與絕緣體兩種。

CMP廠包括美國的應用材料、創技工業、科林研發、**Strasbaugh**，以及日本的荏原製作所等（圖

圖3-8-1　離子植入設備廠

漢辰科技（AIBT）	美國
Amtech Systems	美國
應用材料（Applied Materials，AMAT）	美國
亞舍立科技（Axcelis Technologies）	美國
日新電機（Nissin Electric）	日本
住友重機械離子科技（Sumitomo Heavy Industries Ion Technology）	日本
優貝克（Ulvac）	日本

3-8-2）。

研磨劑廠商則包括日本的富士軟片、福吉米、力森諾科、**Nitta DuPont**、**JSR**、凸版印刷、美國的空氣化工、卡博特、德國的巴斯夫等（圖3-8-3）。

接下來的「退火爐」與先前提到的熱氧化爐只差在通入氣體種類差異而已，故這裡省略退火爐的說明。

RTA（快速熱退火）的代表性企業包括日本的Advance Riko、優志旺電機

對紅外線燈瞬間通電，可讓矽晶圓急速升溫、降溫（→參考第七十七頁圖2-4-17），也叫做燈退火。

RTA設備（燈退火設備）的廠商包括日本的**Advance Riko**、優志旺電機、捷太格特（原光洋熱系統），以及美國的**Mattson Technology**等（圖3-8-4）。

RTA、RTO等快速升溫、降溫處理

前面說明了快速熱退火的RTA。這種處理可減少熱預算（thermal budget，由半導體製程中的熱處理溫度與熱處理時間決定），抑制導電性雜質的

擴散，促進其活化。另外，若在燈退火時通入氧化性氣體，可產生快速熱氧化RTO（Rapid Thermal Oxidation）作用，生成極薄的二氧化矽膜。

圖3-8-2 代表性的CMP企業

應用材料（AMAT）	美國
荏原製作所（Ebara Corporation）	日本
創技工業（SpeedFam）	美國
科林研發（Lam Research）	美國
Strasbaugh	美國

圖3-8-3　代表性的研磨劑廠商

卡博特（Cabot）	美國
富士軟片（Fujifilm）	日本
福吉米（Fujimi Incorporated）	日本
力森諾科（Resonac，原昭和電工綜合材料（Showa Denko Materials））	日本
巴斯夫（BASF）	德國
Nitta DuPont	日本
JSR	日本
凸版印刷（Toppan）	日本
空氣化工（Air Products and Chemicals）	美國

圖3-8-4　代表性的燈退火設備廠

Advance Riko	日本
優志旺電機（Ushio）	日本
捷太格特（JTEKT，原 光洋熱系統，Koyo Thermo Systems）	日本
Mattson Technology	美國

Section 09

從超純水到CIM

超純水的代表性企業包括日本的栗田工業、奧璐佳瑙

一般的水看起來很乾淨，但其實水中含有許多微粒、有機物等雜質。若用這種水清洗奈米等級的半導體，半導體會沾上這些髒東西，所以清洗半導體時須使用名為超純水的水。

超純水是「純度極高的水」，是去除了微粒、有機物、氣體等雜質後的水，用於許多半導體製程中的洗淨、沖洗。

超純水的日本供應廠包括**栗田工業**、**奧璐佳瑙**、**野村微科學**等（圖3-9-1）。

探針檢查有日本的東京威力科創、測試儀檢查有愛德萬測試

前製程結束後，半導體廠會檢查矽晶圓上一個個IC晶片的電特性，判定晶片為「良品／不良品」。檢查過程會用到「探針」。檢測時，會將矽晶圓放在針測機上，然後用探針接觸IC晶片上的電極，以測試儀讀取IC晶片的輸出訊號，判斷訊號是否正確。

針測機平台會重複步進對準，偵測矽晶圓上一個個IC晶片的特性，判斷晶片是「良品／不良品」（↓參考第五十二頁圖2-2-5）。

日本主要的針測機廠商包括**東京威力科創**、**東京精密**、**日本美科樂**、**Tiatech**、**Opto System**等（圖3-9-2）。

圖3-9-1　日本的超純水代表性企業

栗田工業	日本
奧璐佳瑙（ORGANO）	日本
野村微科學（Nomura Micro Science）	日本

圖3-9-2　日本的針測機代表性企業

東京威力科創（Tokyo Electron Limited）	日本
東京精密（Tokyo Seimitsu）	日本
日本美科樂（Micronics Japan）	日本
Tiatech	日本
Opto System	日本

圖3-9-3　代表性的測試儀廠

愛德萬測試（Advantest）	日本
泰瑞達（Teradyne）	美國
安捷倫科技（Agilent Technologies）	美國
TESEC	日本
Spandnix	日本
ShibaSoku	日本

而在測試儀廠商方面，主要包括日本的愛德萬測試、**TESEC**、**Spandnix**、**ShibaSoku**、美國的泰瑞達、安捷倫科技等（圖3-9-3）。

晶圓搬運的代表性企業包括村田機械、大福

前製程中，將半成品從一個製程搬運至下一個製程的過程，稱做「晶圓搬運」。晶圓搬運機可分為在地面移動的有軌搬運機、無線引導之無軌機器人，以及由線性馬達驅動的懸吊搬運機，分別稱做AGV（Auto Guided Vehicle）、OHT（Overhead Hoist Transport）、OHS（Over Head Shuttle）等（→參考第七十九頁圖2-4-20）。

晶圓搬運設備廠包括日本的村田機械、大福、**RORZE**、**Sinfonia Technology**等（圖3-9-4）。

晶圓檢查的代表性企業如美國的科磊

晶圓檢查過程中，會檢查前製程的矽晶圓是否有結構缺陷、異物。檢查結果會做為製程監控的參考，藉此提升良率。

晶圓檢查設備、系統的廠商包括美國的科磊、應

圖3-9-4　日本的晶圓搬運機代表性企業

村田機械（Murata Machinery）	日本
大福（Daifuku）	日本
RORZE	日本
Sinfonia Technology	日本

圖3-9-5　代表性的晶圓檢查設備廠

科磊（KLA-Tencor）	美國
應用材料（Applied Materials，AMAT）	美國
艾司摩爾（Advanced Semiconductor Materials Lithography，ASML）	荷蘭
日立先端科技（Hitachi High-Technologies）	日本
雷泰光電（Lasertec）	日本
紐富來科技（NuFlare Technology）	日本

圖3-9-6　CIM系統的例子

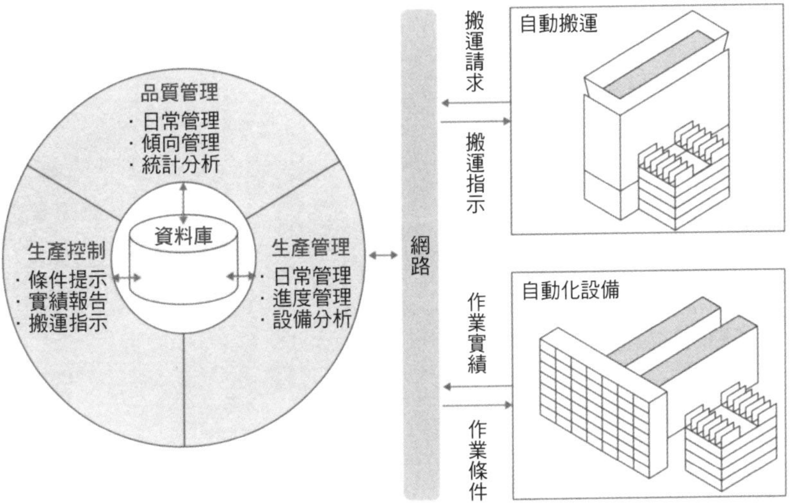

用材料、荷蘭的艾司摩爾、日本的**日立先端科技**、**雷泰光電**、**紐富來科技**等（圖3-9-5）。

CIM（電腦整合製造）的日本代表性企業如TechnoSystems

CIM（Computer Integrated Manufacturing）指的是運用電腦，使半導體生產過程最佳化的系統。譬如半導體製程中，資料蒐集與分析、裝置控制、搬運控制、工程管理等製程的「可視化」。各家半導體廠商內都有自己的FA（Factory Automation，工廠自動化）部門，執行自家的CIM系統。半導體的量產工廠內，會有多個機台進行同一製程的處理。通常每個機台都有自己的特性，處理結果不會完全相同。所以須要運用CIM系統，蒐集主要製程的處理結果，分析、評估每個機台的狀況，給予回饋，才能降低每個機台處理結果的差異。

日本主要的CIM廠商包括TechnoSystems、日立解決方案等。不過半導體大廠通常都會使用自家開發的系統（圖3-9-6）。

Section 10

從切割到樹脂封裝

切割的代表性企業包括日本的迪思科、東京精密

探針檢查結束後，會用**鑽石切割線**，沿著矽晶圓上的分割線，**切出一個個晶片**（也叫做die或pellet）。**這個過程稱做切割**，也叫做pelletizing（參考第五十三頁圖2-2-6）。

切割設備稱做**切割機**，代表性廠商包括日本的**迪思科**、**東京精密**、**山田尖端科技**等（圖3-10-1）。

黏片的代表性企業如三井高科技

將IC晶片黏在導線架載板上的過程，稱做黏片（mount、die mount，或是die bonding）（↓參考第六十一頁圖2-3-7）。黏片設備叫做黏片機（mounter或die bonder）。

導線架的代表性廠商包括日本的**三井高科技**、**新光電氣工業**、新加坡的**ASM Pacific Technology**、臺灣的**長華科技**、**先進封裝**、韓國的**Haesung DS**等（圖3-10-2）。

黏片機的代表性廠商包括荷蘭的**貝思半導體**、日本的**佳能機械**、**新川**、新加坡的**ASM Pacific Technology**、**庫力索法**、美國的**Palomar Technologies**等（圖3-10-3）。

焊線接合的代表性企業如荷蘭的ASM assembly technology

黏片完成後，會用金（Au）或其他金屬製成的細線，將IC晶片伸出之電極與導線架連接在一起，

圖3-10-1　代表性的切割廠

迪思科（DISCO）	日本
東京精密（Tokyo Seimitsu）	日本
山田尖端科技（Apic Yamada）	日本

圖3-10-2　代表性的導線架廠

三井高科技（Mitsui High-tec）	日本
新光電氣工業（Shinko Electric Industries）	日本
ASM Pacific Technology	新加坡
長華科技（CWTC）	臺灣
先進封裝（Advanced Assembly Materials International，AAMI）	臺灣
Haesung DS	韓國

圖3-10-3　代表性的黏片機廠

貝思半導體（BE Semiconductor）	荷蘭
佳能機械（Canon Machinery）	日本
ASM Pacific Technology	新加坡
庫力索法（Kulicke & Soffa Industries）	新加坡
Palomar Technologies	美國
新川（Shinkawa）	日本

圖3-10-4 代表性的焊線接合廠

ASM Pacific Technology	荷蘭
DIAS Automation	香港
庫力索法（Kulicke & Soffa Industries）	新加坡
新川（Shinkawa）	日本
澁谷工業（Shibuya Corporation）	日本

圖3-10-5　代表性的熱固性樹脂廠

力森諾科（Resonac）	日本
揖斐電（Ibiden）	日本
Nagase ChemteX	日本
住友電木（Sumitomo Bakelite）	日本

圖3-10-6　代表性的樹脂封裝機廠

東和（TOWA）	日本
ASM assembly technology	新加坡
山田尖端科技（Apic Yamada）	日本
愛伯（I-PEX）	日本
岩谷產業（Iwatani）	日本

稱做焊線接合（↓參考第六十二頁圖2-3-8）。

焊線接合所使用的設備叫做焊線接合機，代表性的廠商包括荷蘭的**ASM Pacific Technology**、香港的**DIAS Automation**、新加坡的**庫力索法**、日本的**新川**、**澁谷工業**等（圖3-10-4）。

樹脂封裝的代表性企業包括力森諾科、揖斐電、東和

樹脂封裝時，會使用轉注成型法（transfer mold），將IC晶片放入模具中，以樹脂封裝。樹脂封裝也叫做molding（↓參考第六十三頁圖2-3-9）。

封裝時使用的**熱固性樹脂的製造廠商**，包括日本的**力森諾科**、**揖斐電**、**Nagase ChemteX**、**住友電木**等（圖3-10-5）。

樹脂封裝機的廠商則包括日本的**東和**、新加坡的**ASM assembly technology**、日本的**山田尖端科技**、**愛伯**、**岩谷產業**等（圖3-10-6）。

焊線接合的二三事

前面提到，我們會用細金線等材料，以焊線接合方式連接IC晶片與封裝基板。除了焊線接合之外，還會使用金屬的駝峰狀凸起，以TAB或FCB等方式進行無焊線接合（圖3-10-7）。

圖3-10-7　焊線接合與無焊線接合

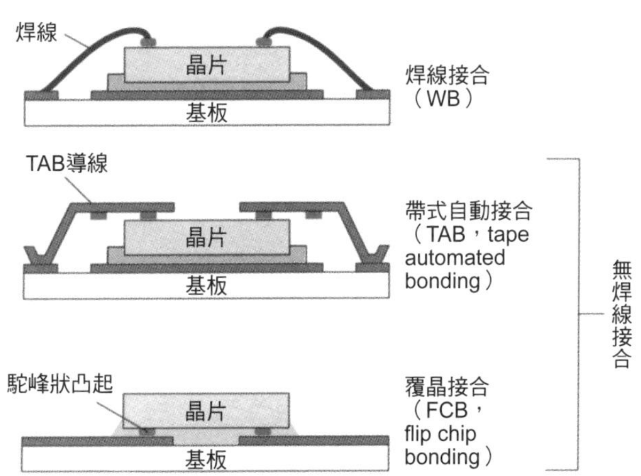

Section 11

從高純度氣體、高純度藥液到最終檢查

高純度原料氣體的代表性企業包括大陽日酸、三井化學

如同我們前面說明的，半導體製程（前製程）會用到各種高純度氣體與藥液。圖3-11-1**依照使用目的，整理出了各種代表性的材料氣體**。為了讓資料不致過於瑣碎，雖然後面列出了代表性的氣體廠與藥液廠，但不會具體列出每種材料氣體或藥液分別由哪家廠商製造。

如圖3-11-1所示，我們將代表性的氣體分成了薄膜**成膜用**氣體、薄膜**蝕刻用**氣體、導電性（P型、N型）**雜質來源用**氣體、**其他**氣體。除此之外，還有熱處理用（非活性氣體）、載流氣體、沖洗用氣體、合成氣體、磊晶成長時的載流氣體、矽的懸鍵末端用氣體、致熱氧化用氣體、濺鍍時擊出用氣體、純水起泡用氣體、腔體清潔用氣體等等。

這些高純度氣體的代表性廠商，包括日本的大陽日酸、三井化學、中央硝子、關東電化工業、力森諾科（原昭和電工）、住友精化、艾迪科、Air Water、瑞翁、大金工業等。日本以外的企業則包括美國的空氣化工、法國的液化空氣集團、韓國的SK材料、Foosung等（圖3-11-2）。

高純度藥液的代表性企業包括德國的巴斯夫、三菱瓦斯化學

如第一三一頁的圖3-11-3所示，代表性的藥液大致上可以分成**無機藥液**與**有機藥液**兩大類。無機藥液

圖3-11-1　製造半導體時會用到的代表性氣體

成膜用	一氧化二氮	N_2O	SiO_2的減壓／常壓CVD、SIPOS的CVD
	氨	NH_3	Si的熱氮化、SiN_x的CVD
	臭氧	O_3	SiO_2的常壓TEOS-CVD
	氧	O_2	Si的熱氧化、SiO_2的CVD
	甲矽烷	SiH_4	熱分解生成的Si可用於poly-Si的成長，SiO_2、SiN_x、SiON等材料的CVD
	二氯矽烷	SiH_2Cl_2	SiN_x、WSi_x的CVD
	二矽烯	Si_2H_4	Si-Ge的CVD
	六氟化鎢	WF_6	W、WSi_x的CVD
	四氯化鈦	$TiCl_4$	與H_2、N_2、NH_3等氣體一起用於TiN的CVD
蝕刻用	一氧化碳	CO	SiO_2的蝕刻
	氯	Cl_2	Si、Poly-Si、Al的蝕刻
	三氯化硼	BCl_3	Al的蝕刻
	溴化氫	HBr	Si、Poly-Si的蝕刻
	四氯化碳	CCl_4	Si、Poly-Si、Al的蝕刻
	四氟化碳	CF_4	SiO_2、SiN_x的蝕刻
	六氟化硫	SF_6	Si類物質的蝕刻、腔體清潔
	三氟化氮	NF_3	Si類物質的蝕刻
雜質來源用	砷化氫	AsH_2	N型雜質，砷的來源
	三氧化二砷	As_2O_3	N型雜質，砷的來源（常溫下為液體）
	三氯氧磷	$POCl_3$	N型雜質，磷的來源（常溫下為液體）
	三氯化磷	PCl_3	N型雜質，磷的來源
	三氯化硼	BCl_3	P型雜質，硼的來源
	乙硼烷	B_2H_6	P型雜質，硼的來源
	磷化氫	PH_3	N型雜質，磷的來源
	亞磷酸三甲酯	TMP	TEOS-CVD中，磷的來源（常溫下為液體）
	硼酸三甲酯	TMB	TEOS-CVD中，硼的來源（常溫下為液體）
其他用途	氮	N_2	熱處理氣體、載流氣體、沖洗用氣體、合成氣體
	氫	H_2	磊晶氣體、氫末端氣體、致熱氣體
	氬	Ar	熱處理氣體、濺鍍的撃出用氣體
	二氧化碳	CO_2	純水起泡氣體
	臭氧	O_3	純水起泡氣體
	三氟化氮	NF_3	腔體清潔用氣體

圖3-11-2　代表性的高純度氣體廠

大陽日酸（Taiyo Nippon Sanso）	日本
三井化學（Mitsui Chemicals）	日本
中央硝子（Central Glass）	日本
關東電化工業（Kanto Denka Kogyo）	日本
力森諾科（Resonac，原昭和電工（Showa Denko））	日本
住友精化（Sumitomo Seika Chemicals）	日本
空氣化工（Air Products and Chemicals）	美國
液化空氣集團（Air Liquide）	法國
Air Water	日本
SK材料（SK materials）	韓國
艾迪科（ADEKA）	日本
瑞翁（Zeon Corporation）	日本
Foosung	韓國
大金工業（Daikin Industries）	日本

可以再分成用於去除金屬、有機物、微粒、氧化薄膜的**洗淨用**藥液、各種材料的**蝕刻用**藥液、容器**清潔用**藥液等

有機藥液則可分成微影製程中的感光性樹脂，即**光阻劑**、曝光後的**顯影液**、蝕刻或電鍍後去除光阻劑的**剝離液**、沖洗矽晶圓的**沖洗液**、以純水沖洗後的**乾燥液**、光阻劑的**附著度提升液**、提升蝕刻液滲透度的**界面活性劑**等。

製造半導體時，須設法去除半導體表面不需要的物質（微粒、有機物、油脂等），保持乾淨，這時會使用高純度的藥液清潔。在蝕刻、乾燥、剝離等前製程中，須重複清潔多次，故會使用到各式各樣的藥劑。

代表性的高純度藥液廠商包括日本的**三菱瓦斯化學**、**三菱化學**、**關東化學**、**Stella Chemifa**、**大金工業**、**森田化學工業**、**德山**、**住友化學**、**日本化藥**、**東京應化工業**、**富士軟片和光純藥**、德國的**巴斯夫**（BASF）、韓國的**樂金化學**（LG Chem）等（圖3-11-4）。

圖3-11-3　製造半導體時使用的代表性藥液

無機藥液	洗淨用	硫酸雙氧水混合液	SPM	由H_2SO_4、H_2O_2組成，用於去除金屬與有機物
		鹽酸與過氧化氫水混合液	HPM	由HCl、H_2O_2、H_2O組成，用於去除金屬
		氨水與過氧化氫水混合液	APM	由NH_4OH、H_2O_2、H_2O組成，用於去除微粒、金屬
		氟酸與過氧化氫水混合液	FPM	由HF、H_2O_2、H_2O組成，用於去除金屬、氧化膜
		稀氫氟酸	DHF	由HF、H_2O組成，用於去除金屬、氧化膜
		硝酸	HNO_3	用於洗淨Si晶圓
		緩衝氫氟酸	BHF	由HF、NH_4F、H_2O組成，用於去除氧化膜
	蝕刻用	稀氫氟酸	DHF	SiO_2、Ti、Co的蝕刻
		緩衝氫氟酸	BHF	SiO_2的蝕刻
		氫氟酸	HF	SiO_2、Ti、Co的蝕刻
		含碘冰醋酸	$CH_3COOH(I_2)$	Si、Poly-Si的蝕刻
		磷酸	H_3PO_4	熱磷酸可用於SiN_x的蝕刻
	清潔用	硝酸	HNO_3	Si類容器的清潔
有機藥液	微影用	光阻劑		轉印曝光圖樣的感光性樹脂
		顯影液		曝光後使光阻劑圖樣顯影
		剝離液		去除光阻劑
	其他	丁酮	MEK	蝕刻用溶劑
		異丙醇	IPA	以純水沖洗後的乾燥用藥液
		六甲基二矽氮烷	HMDS	提升光阻劑的附著性
	界面活性劑			提升蝕刻液的滲透性

圖3-11-4　代表性的高純度藥液廠商

巴斯夫（BASF）	德國
三菱瓦斯化學（Mitsubishi Gas Chemical）	日本
三菱化學（Mitsubishi Chemical）	日本
關東化學（Kanto Chemical）	日本
Stella Chemifa	日本
大金工業（Daikin Industries）	日本
森田化學工業（Morita Chemical Industries）	日本
德山（Tokuyama）	日本
樂金化學（LG Chem）	韓國
日本化藥（Nippon Kayaku）	日本
住友化學（Sumitomo Chemical）	日本
東京應化工業（Tokyo Ohka Kogyo）	日本
富士軟片和光純藥（Fujifilm Wako Pure Chemical）	日本

從鍍焊料到導線加工、刻印、可靠度試驗、最終檢查

一般而言，我們會用鍍焊料的方式，將錫與鉛的共晶焊料鍍在導線架上。將導線架接上陰極，電鍍液中的錫與鉛則接上陽極，通電後便能在導線表面電鍍（↓參考第六十三頁圖2-3-10）。

導線加工時會使用導線加工機，將導線彎曲成必要形狀（↓參考第六十四頁圖2-3-11）。

刻印時，會用**雷射刻印機**在封裝外殼的表面印上品名、公司名稱、批次編號。這除了是產品的識別證（ID），上市後也有追溯履歷的功能（↓參考第六十四頁圖2-3-12）。

可靠度測試中，會全數進行燒機（burn-in）測試，也就是施加高電壓（偏壓）與高溫，測試其運作狀態，確保其可靠度，只有合格的產品才會出貨。

最後測試中，會依照產品規格，檢查產品的電特性。此時使用的測試儀，與晶圓、探針檢查時使用的測試儀大致相同。測試儀的代表性廠商請參考圖3-9-5。

Section 12

半導體相關業界各自的地位與事業規模

至此，本章介紹了半導體製造產業，以及與半導體有關之各業界的主要業務內容與代表性廠商。

本節會將以上內容，也就是各半導體相關業界之間的關係再做整理說明（次頁圖3-12-1）。同時，我們也整理了半導體製程會用到的設備，以及主要設備廠商（第一三五頁圖3-12-2）。這裡列出來的設備廠，基本上會以業界前三為主。

以下來看看半導體產業的主要相關產業規模分別有多大。依照二〇二一年的統計，整個半導體產業的市場規模為七一三〇億美元。其中，半導體製造業界規模為五五三〇億美元，占了七十七・六％；設備業界規模為一〇三〇億美元，占了十四・四％；材料業界規模為五七〇億美元，占了八％（第一三六頁圖3-12-3）。

順帶一提，半導體製程可以分成在矽晶圓上製作多個IC晶片的前製程，以及從矽晶圓上切出一個個IC晶片並收納在外殼內的後製程。比較兩業界的投資金額可以發現，前製程的投資占了八十五％，遠勝於後製程。

這是因為前製程的製程數目相當多、相當複雜，使用的設備也相當昂貴（圖3-12-4）。

在這三十年間，日本的半導體廠（NEC、富士通、日立等IDM企業）陸續凋零，不過做為周邊產業的設備廠、材料廠仍在全球市場中占有一席之地。前文中也有提到這點。

第一三七頁圖3-12-5與圖3-12-6列出了日本前十大半導體製造設備廠與材料廠在二〇二〇年～二〇二一年的營收。

圖3-12-1　半導體相關業界之間的關係

相關業界	半導體廠（IDM）	分工化	業務內容
	市場調查、需求調查	無廠半導體公司	「要做什麼 what to make」（從電子機械系統分出）
	↓ 產品企劃		・設計需要的功能（協調硬體與軟體） ・運用EDA工具進行階層式設計
EDA供應商	↓ 設計（邏輯、電路、佈局）		
光罩廠	↓ 製作光罩		・設計曝光機轉印圖樣時需要的原版
	前製程	晶片代工廠（接受前製程委託）	・在晶圓上製作多個晶片 從這裡開始為「如何製作 how to make」
設備廠、材料廠	（矽晶圓）		・矽單晶的薄圓板
	↓ 成膜		・在矽晶圓上形成薄膜
	↓ 微影		・運用曝光機，將光罩圖樣轉印到光阻劑上
	↓ 蝕刻		・以光阻劑圖樣為遮罩，選擇性去除底下的薄膜
	↓ 摻雜		・添加導電性雜質
	↓ 平坦化		・以CMP方法，使底部完全平坦化
	↓ 洗淨（→ 回到成膜，重複多次）		・用超純水等液體清洗晶圓
	↓ 晶圓、探針檢查		・以探針檢查晶圓上的一個個晶片*
	後製程	OSAT（封測廠，接受後製程委託）	・分別處理切割出來的一個個晶片
	切割		・從晶圓上切下晶片
	↓ （晶片）		
	↓ 封裝		・將晶片封入外殼內
	↓ 燒機測試		・施加高溫與高電壓，測定晶片的可靠度
	↓ 最後檢查		・檢測IC特性

＊進行探針檢查的設備稱做針測機

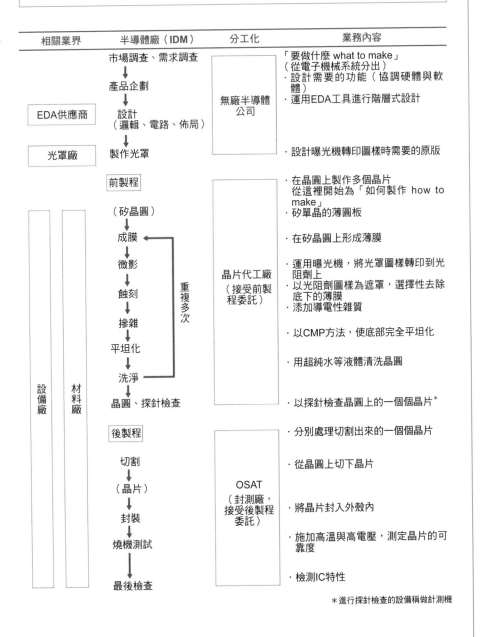

圖3-12-2　依半導體製程列出需要的設備與主要廠商

製造過程	個別製程	設備名稱	主要廠商
電路樣式設計			
全製造過程	光罩（倍縮光罩）		Photronics（美）、凸版印刷（日）、大日本印刷（日）、豪雅（日）、SK電子（韓）
	矽晶圓		信越化學工業（日）、環球晶圓（臺）、勝高（日）、SK Siltron（韓）
	薄膜形成	熱氧化設備	東京威力科創（日）、國際電氣（日）、ASM國際（荷）
		CVD設備	應用材料（美）、科林研發（美）、ASM國際（荷）、東京威力科創（日）
		ALD設備	應用材料（美）、ASM國際（荷）、Picosun Oy（芬蘭）、東京威力科創（日）、SAMCO（日）
		濺鍍設備	應用材料（美）、優貝克（日）、佳能Anelva（日）
		電鍍設備	諾發系統（美）、應用材料（美）、荏原製作所（日）、Science-eye（日）
	微影	塗佈機、顯影機	東京威力科創（日）、細美事（韓）、SCREEN（日）
		曝光機	艾司摩爾（荷）、尼康（日）、佳能（日）
	蝕刻	乾式蝕刻機	科林研發（美）、東京威力科創（日）、應用材料（美）、日立先端科技（日）
	摻雜	離子植入設備	漢辰科技（美）、Amtech Systems（美）、應用材料（美）、亞舍立科技（美）、日新電機（日）、住友重機械離子科技（日）、優貝克（日）
		擴散爐	東京威力科創（日）、ASM國際（荷）、國際電氣（日）
	平坦化	CMP設備	應用材料（美）、荏原製作所（日）、東京精密（日）
	晶圓、探針檢查	針測機	日本美科樂（日）、東京精密（日）、東京威力科創（日）
		測試儀	愛德萬測試（日）、泰瑞達（美）
	切割	切割機	迪思科（日）、東京精密（日）
	焊線接合	焊線接合機	庫力索法（新加坡）、ASM Pacific Technology（荷）
	樹脂封裝	模具封裝設備	東和（日）、山田尖端科技（日）、ASM assembly technology（荷）、第一精工（日）
	燒機	燒機設備	STK科技（日）、Espec（日）
	最終檢查	測試儀	泰瑞達（美）、愛德萬測試（日）

圖3-12-3　半導體產業內各業界規模

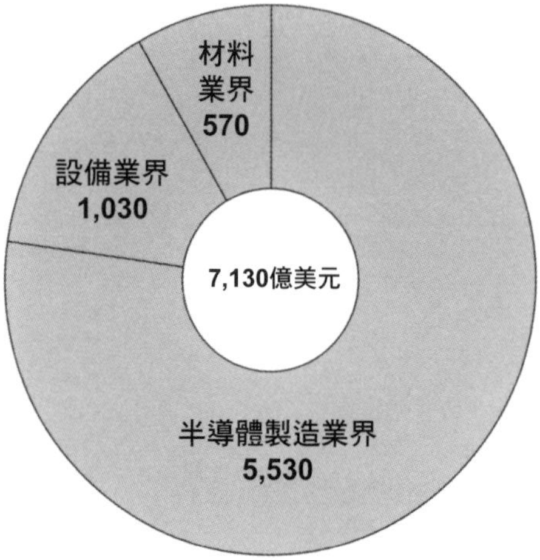

圖3-12-4　從投資金額規模比較前製程／後製程的比例

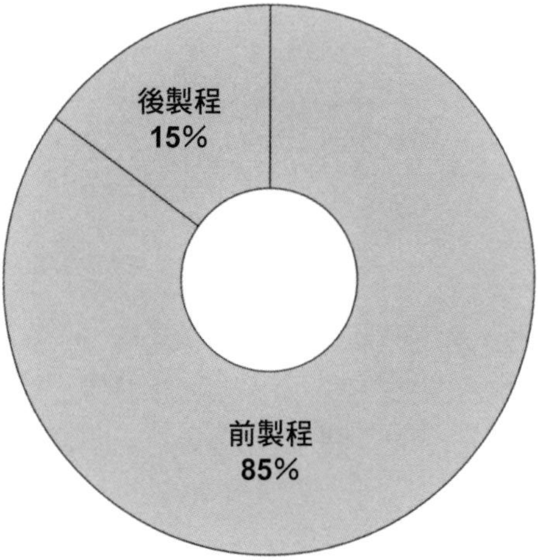

圖3-12-5　日本半導體「製造設備廠」的營收排名2020～2021

排名	廠商名稱	主要產品
1	東京威力科創	塗佈顯影機、CVD設備、乾式蝕刻機、氧化／擴散爐
2	愛德萬測試	測試儀
3	SCREEN	濕洗淨
4	尼康	步進式曝光機、掃描式曝光機
5	迪思科	切割機、研磨機
6	國際電氣	氧化／擴散爐
7	佳能	步進式曝光機、掃描式曝光機
8	東京精密	CMP設備、針測機、切割機
9	雷泰光電	光罩檢查設備
10	東和	模具封裝設備

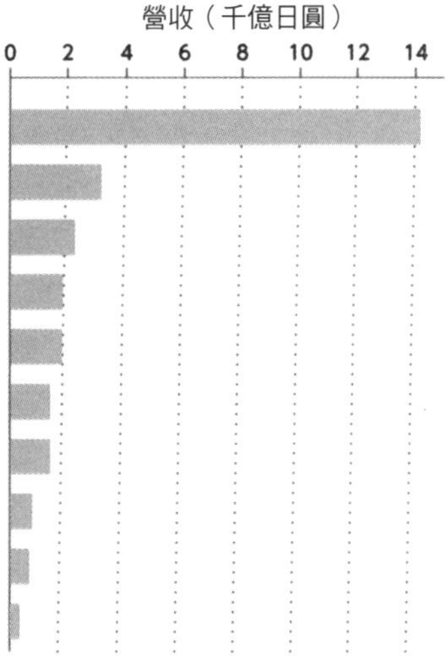

圖3-12-6　日本半導體「材料廠」的營收排名2020～2021

排名	廠商名稱	主要產品
1	住友化學	光阻劑、高純度藥品
2	信越化學工業	矽晶圓、封裝樹脂
3	昭和電工（現力森諾科）	CMP研磨劑、高純度氣體
4	大陽日酸	高純度氣體
5	昭和電工綜合材料（現力森諾科）	CMP研磨劑、感光性絕緣塗佈劑
6	JSR	光阻劑
7	勝高	矽晶圓
8	艾迪科	高純度氣體、鍍銅液
9	挹斐電	封裝樹脂
10	住友電木	封裝樹脂、黏片用膠

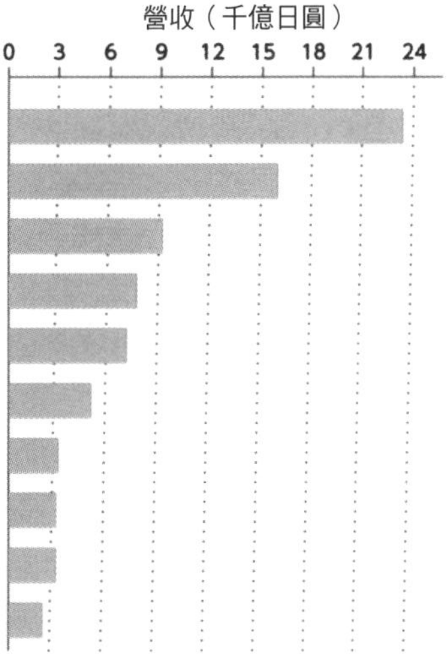

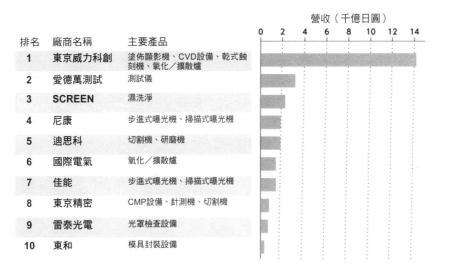

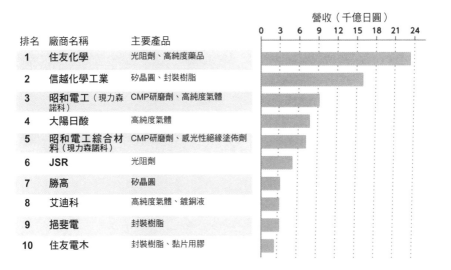

設備廠方面，東京威力科創生產多種半導體製造設備，營收也大幅領先其他公司。

而在材料廠方面，要注意的是，本表列出的營收不僅是半導體相關材料，也包含其他產品。

全球半導體設備業界中，日本設備廠仍占有一席之地。其二〇一一年至二〇二一年的市占率變化如圖3-12-7。圖中畫出了日本廠商的營收與在全球的市占率。

圖中營收最低的時間是二〇一三年的一百億美元，到了二〇二一年時增加至三倍。不過市占率最高的時間是二〇一二年的三十五％，到了二〇二一年時，下降了七％，來到二十八％。

也就是說，日本的半導體設備業界規模逐漸擴大，但卻沒有全球市場擴大速度那麼快。這表示，日本半導體設備業界對未來的規劃並不完善。日本不應安於現狀，為了未來的事業發展，應盡快訂定戰略，推動新技術的開發才對。

圖3-12-7　日本半導體設備廠的營收與在全球的市占率變化

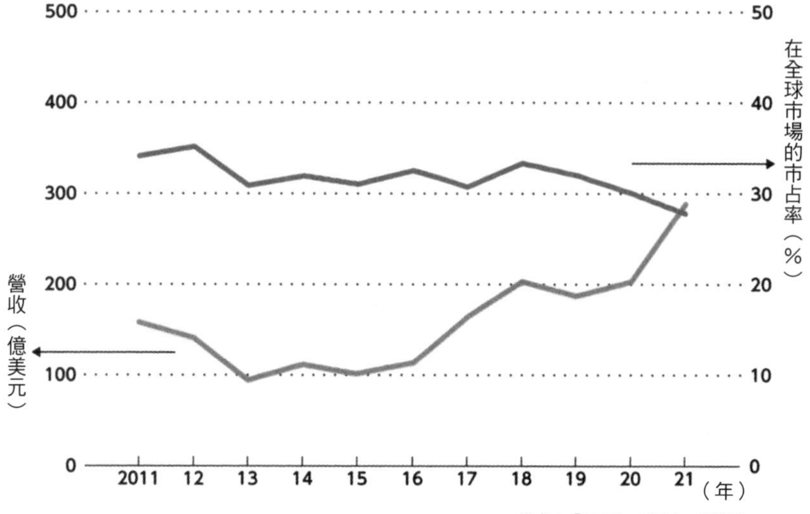

出處：「SEMI、SEAJ」的資料

專欄

艾司摩爾躍進的祕密

在各式各樣的半導體製造設備中，細微加工的核心在於**曝光設備**。2020年時，總部位於荷蘭南部費爾德霍芬（Veldhoven）的**艾司摩爾**，在曝光設備市場的市占率為壓倒性的80%。另外，在整個半導體製造設備業界中，艾司摩爾的市占率為世界第二的23.6%，僅次於**應用材料**的24.2%。應用材料公司生產了多種設備，艾司摩爾基本上只生產曝光設備，可以看出艾司摩爾在市場上享有獨占地位。

不過，在1990年代中期以前，日本的尼康與佳能在曝光設備市場上也曾占有主導地位。那麼，艾司摩爾大躍進的祕密究竟是什麼呢？

首先要提的是，日本的尼康等廠商有所謂的「自社生產主義」，光源以外的零件都是由自家公司開發，特別是他們為了活用自家生產的優異透鏡，在硬體上費了許多工夫。相對的，艾司摩爾產品的零件幾乎都從其他公司採購，再自行組裝，並投入大量心力在軟體開發上，以提升產品使用的便利程度。

第二，尼康等公司在日本的半導體大廠與英特爾的強力要求下，為他們客製化設備產品。相對的艾司摩爾則與台積電、三星電子等後起之秀合作，逐步瞭解用戶的需求，改善產品，為公司累積了許多knowhow。隨著台積電與三星電子急速擴大事業規模，艾司摩爾的事業規模也跟著擴大，並投入大量開發資金在後續產品的開發上。特別是在EUV曝光技術方面，艾司摩爾參與校際微電子中心（IMEC，總部位於比利時）等國際研究機構的活動，與校際微電子中心的合作廠商交流資訊、討論如何改善開發過程，確立新技術。在EUV曝光技術的開發階段初期，由於艾司摩爾過去的ArF曝光設備（步進式曝光機）分成了兩個光學柱（column），於是他們在對準用的光學柱中維持過去的雷射光，而在另一個光學柱嘗試改用EUV曝光。

無論如何，他們在最尖端的技術中累積了豐富的知識與經驗，這些資料與knowhow使其他公司無法趕上，所以在最昂貴的EUV曝光機市場中，艾司摩爾沒有任何競爭對手，為一枝獨秀的狀態，直至今日。

第四章

回過頭來，半導體到底是什麼？

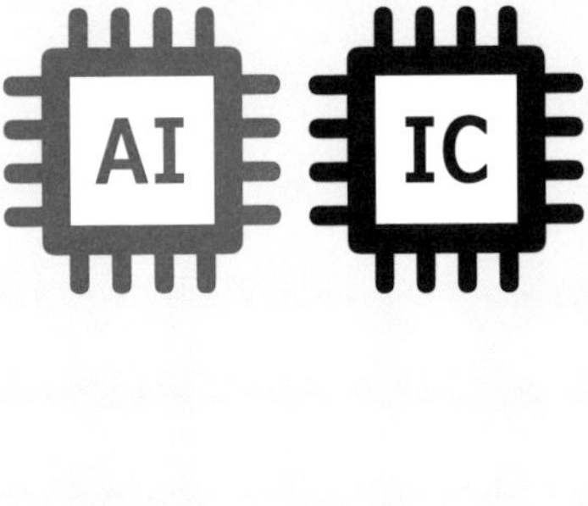

Section 01

半導體是擁有特殊性質的物質、材料

半導體是「導體與絕緣體的中間物」

我們在第一章中也有提過，近年來常可在許多地方聽到「半導體」一詞，但如果被問到「半導體究竟是什麼？」能夠正確回答出答案的人應該不多吧？

許多人並沒有真正理解半導體本身，只是把半導體這個詞一直掛在嘴上。各位是否也有一樣的感覺呢？

半導體是一種擁有特殊性質的物質，或是指某些材料。那麼可能有人會想問：「特殊性質又是指什麼性質呢？」簡單來說，就是介於易導電之**導體**（或叫做良導體），與幾乎不導電之**絕緣體**中間的性質，也就是「半導電的性質」。

半導體的英文，就是由semi（一半）與conductor（導體）這兩個字組合而成的。金、銀、鋁等金屬為易導電的導體；天然橡膠、玻璃、雲母、陶瓷等幾乎不導電的物質，則屬於絕緣體。半導體就是導電度介於兩者之間的物質（圖4-1-1）。

不過，如果只用「介於中間的性質」來描述半導體，還是有些含糊。半導體的有趣之處在於，如果從外界施加壓力、加速度、溫度、光等刺激（作用），或者添加微量雜質，**性質便會大幅改變，在不同條件下，可能更接近絕緣體，也可能更接近導體**。

這些性質將在之後會陸續說明，這裡先來看看半導體在物質（材料）上的性質（圖4-1-2）。

半導體由哪些材料構成？

半導體的代表性材料為無機材料（部分為有機材

圖4-1-1　導體、半導體、絕緣體的差異

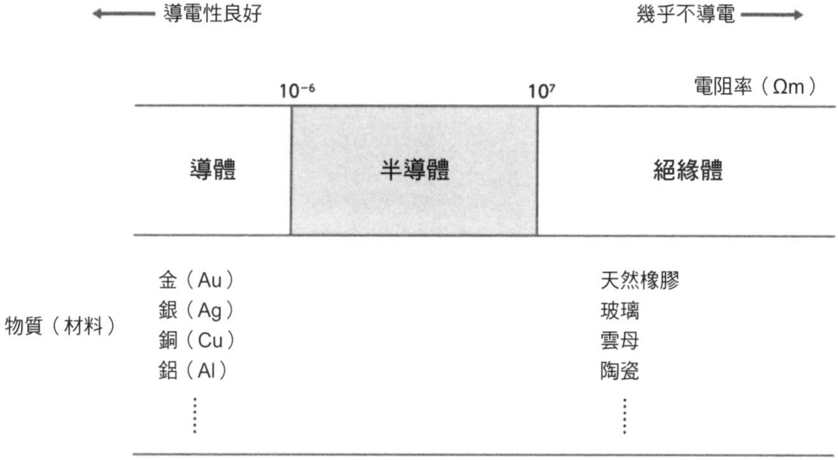

圖4-1-2　半導體材料的種類

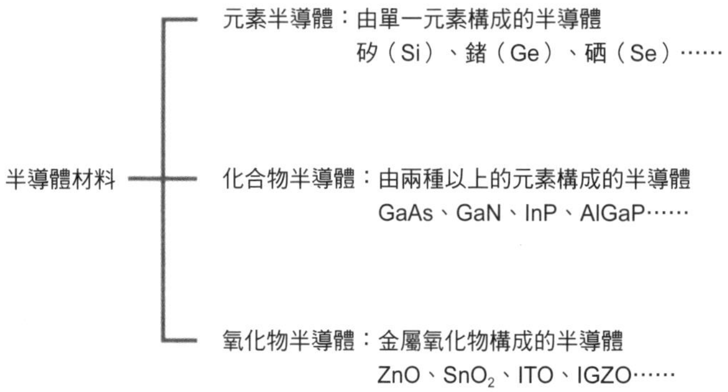

料）。無機半導體可分為①元素半導體、②化合物半導體、③氧化物半導體等三種。

元素半導體指的是「由單一元素構成的半導體」，包括矽（Si）、鍺（Ge）、硒（Se）等。我們常有「半導體＝矽」的印象，但其實半導體有很多種材料。

化合物半導體指的是「由兩種以上元素構成的半導體」，包括有砷化鎵（GaAs）、氮化鎵（GaN）、磷化銦（InP）、磷化鋁鎵（AlGaP，可以分為三種）等。

最後的氧化半導體則是「有半導體性質的氧化物（化合物）」，包括氧化鋅（ZnO）、二氧化錫（SnO_2）、氧化銦錫（ITO）、氧化銦鎵鋅（IGZO）等。

前面提到，半導體這個名稱原本是指擁有某種性質（特殊性質）的物質（材料）。不過一般來說，半導體這個詞在使用上並沒有那麼嚴格。

在寬鬆的定義下，除了物質（材料）層次上的半導體，用這些材料製成的元件、裝置，或是之後會提到的積體電路，都可以稱做**半導體**。所以說，半導體這個詞才會在一般大眾口中廣為傳播，本書在某些情況下也不會特別區分。

圖4-1-3大致列出了各種半導體的主要用途（依照用途分類）。最常見的元素半導體——矽將在第四章、第五章中詳細說明。

圖4-1-3　各種半導體的主要用途

半導體種類		主要用途
無機半導體	元素半導體（矽）	記憶體、邏輯電路、MPU、MCU、GPU、DSP、影像感測器、AD／DA轉換器、FPGA等
	化合物半導體	高速元件、大訊號元件、功率元件、發光元件、雷射等
	氧化物半導體	透明電極、感測器、顯示器背板
有機半導體		OLED、太陽能電池等

Section 02

矽是半導體的冠軍

「矽」是使用最多的半導體

前節「4-1」中提到，半導體材料有很多種，不過使用最多的半導體材料，毫無疑問是**矽**（Si）。在各種半導體材料中，矽的用途特別廣、特別深。本書主要就是在說明矽這種半導體材料的用途。

矽在地殼中的比例達二十八%，為地殼內第二多的元素，僅次於氧的五〇%。矽為週期表上的第十四個元素，原子序為14，屬於第十四族元素。原子核周圍有十四個電子，表現出元素化學性質的最外層（M層）電子軌域有四個電子。

矽與其他元素（包含矽本身）以化學方式結合時，這四個電子會參與結合，在日本常用「有四隻鍵結用的手」來形容。矽的主要性質包括原子量28.1、密度二・三三g／cm^3，熔點一四一四℃等（次頁圖4-2-1）。

對於電費高的日本來說成本過高

地球的矽含量相當豐富，路邊隨便撿個石頭，都含有大量的矽。不過，大部分的矽並非以單獨元素的形式存在，而是與氧結合成氧化物（矽礦石）存在於地殼內。因此，挖掘出矽礦石後，要先去除氧，只留下矽元素。

去除矽礦石的氧（還原）時，須用電弧爐熔化，然後用木炭等含碳物質還原。此時矽會呈金屬狀流動，形成純度九十八%左右的金屬矽（圖4-2-2）。

這個純化過程須消耗大量電力，日本甚至有人把

圖4-2-1　矽的基本資料

矽（Si）
原子序：14　第14族
原子量：28.1
密度：2.33g/cm^3
熔點：1414℃

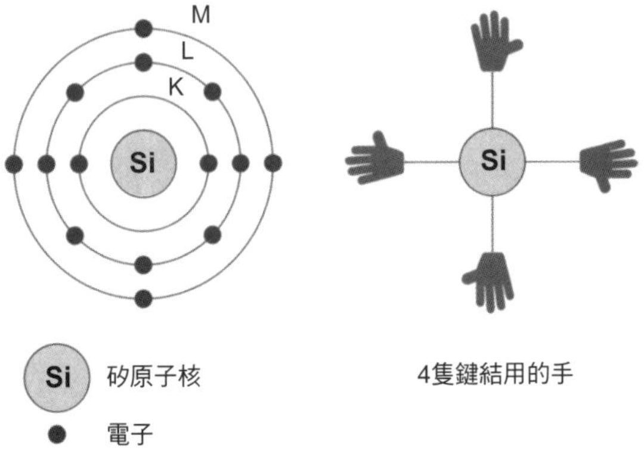

圖4-2-2　將矽還原後製成金屬矽

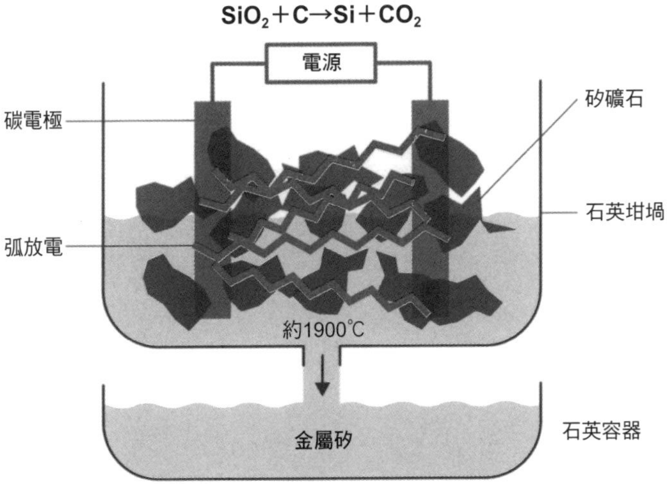

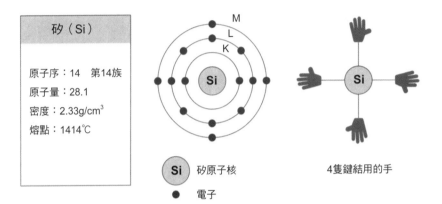

矽稱做「電力罐頭」，所以矽的純化多在電費較便宜的中國、俄羅斯、美國、巴西、法國等地進行。日本也有許多可做為原料的矽礦石，但日本電費高，純化成本過高，所以金屬矽的來源主要為進口。

99．999999999%的超純度

接著要將脆弱塊狀的金屬矽敲碎，溶解在鹽酸中，得到三氯矽烷的透明液體，再將其蒸餾、濃縮，盡可能純化。

三氯矽烷經熱分解法這種代表性純化方法處理後，可得到**多晶矽**。將濃縮後的高純度三氯矽烷與超高純度的氫氣（H_2）通入反應器，通電加熱後，便可在矽線芯的表面析出棒狀的多晶矽（圖4-2-3）。

多晶矽由許多細小的單晶矽粒子聚集而成，之後將會進一步純化成11N（eleven ning，99．999999999%），也就是要用十一個9來表示純度的高純度矽。全球前三大多晶矽廠商為通威（中國）、保利協鑫（中國）、Wacker Chemie（德國）。日本則有德山在市場上占有一席之地。

將超高純度的多晶矽敲碎成塊晶（nugget），然

圖4-2-3　用熱分解法使多晶矽成長

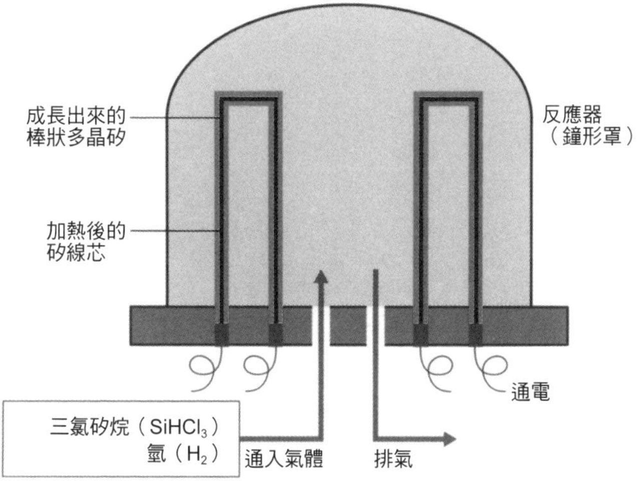

圖4-2-4　柴氏法單晶矽拉晶過程

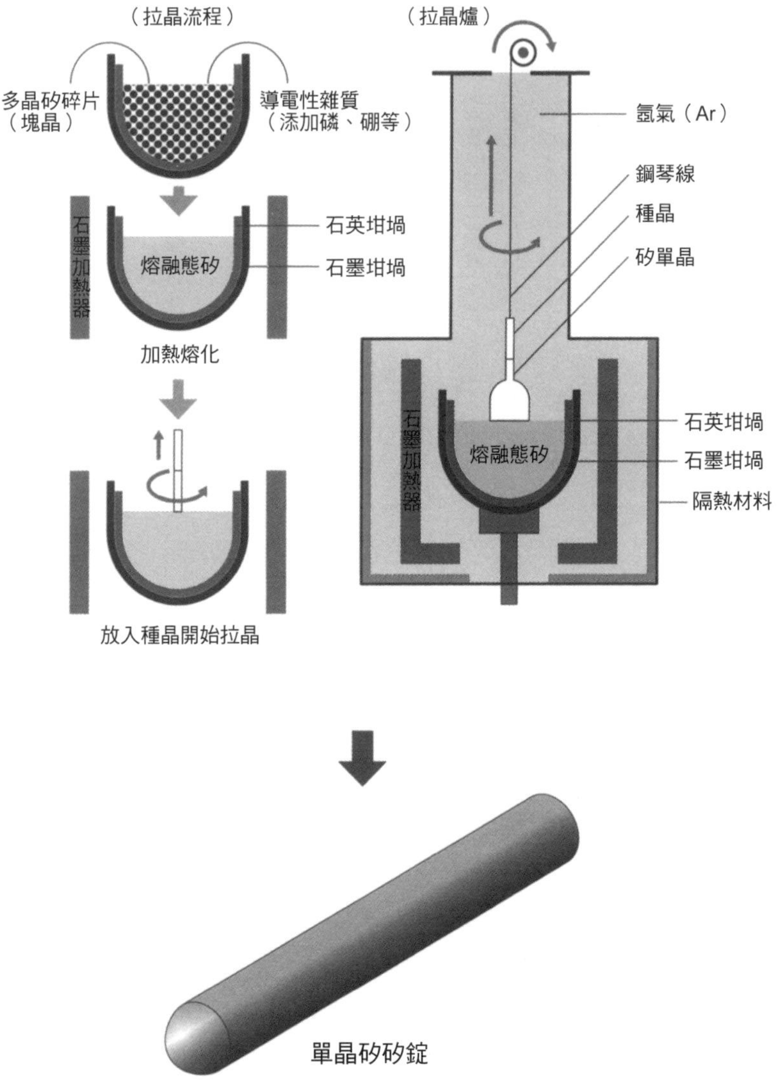

後清洗乾淨，放入石英製的坩堝內，以加熱爐熔化。此時須要將微量的導電性雜質放入坩堝內。接著用鋼琴線吊著種晶（小小的單晶），接觸這個液態矽，一邊旋轉一邊慢慢往上拉，得到逐漸成長的棒狀矽單晶（矽錠）（圖4-2-4）。

這種單晶矽成長方式稱做**柴氏法**（Czochralski method）。另外，此時拉起之單晶矽內含有微量的氧，若要控制氧的濃度，**磁場柴氏法**（magnetic Czochralski method）會在拉晶時以超導磁石對液態矽施加磁場，也是一種廣為使用的方法。

N型半導體是什麼？

矽單晶中，矽原子的四隻鍵結用手會與周圍四個矽原子鍵結，形成規則的三維結構。就是說，矽原子會與相鄰矽原子各出一個電子共用，形成鍵結（共價鍵）。這個結構的二維模型如圖4-2-5所示。

圖4-2-5　矽（Si）單晶的二維模式圖

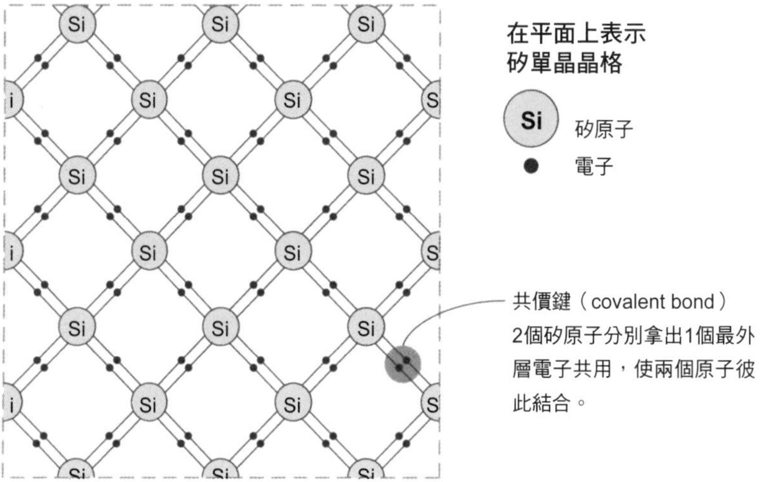

單晶矽中，結晶內各個矽原子的最外層電子皆以共價鍵連接（彼此束縛著）。所以單晶矽內沒有能自由移動的電子，即使施加電壓也不會產生電流，性質接近絕緣體。規則排列的矽原子所形成的整體結構，稱做晶格。而晶格內矽原子所在位置，稱做晶格點。

若在這個單晶矽內加入微量導電性雜質，如磷（P）、砷（As）、硼（B），性質就會大幅改變。舉例來說，若添加微量的第十五族元素，磷（P），可將規則排列晶格中的數個矽原子替換成磷原子。

不過，磷是第十五族的原子，最外層電子軌道有五個電子，即使與周圍四個矽原子以共價鍵結合，仍會多出一個電子不與任何原子形成鍵結。這個電子叫做「**自由電子**」，會在單晶內自由移動。此時，若對單晶施加電壓，就會產生電流，就像能導電的物質一樣。一般來說，添加的磷越多，自由電子就越多，越容易讓電流通過。

此時添加的磷，會讓半導體內產生可導電的自由電子，而電子帶負電荷（Negative charge），故這種半導體稱做N型矽半導體（圖4-2-6）。

因為磷會生成（賦予）自由電子，所以有時會把磷稱做施體型雜質（或者簡稱施體，donor）。砷也

圖4-2-6　添加磷（P）後得到的N型半導體

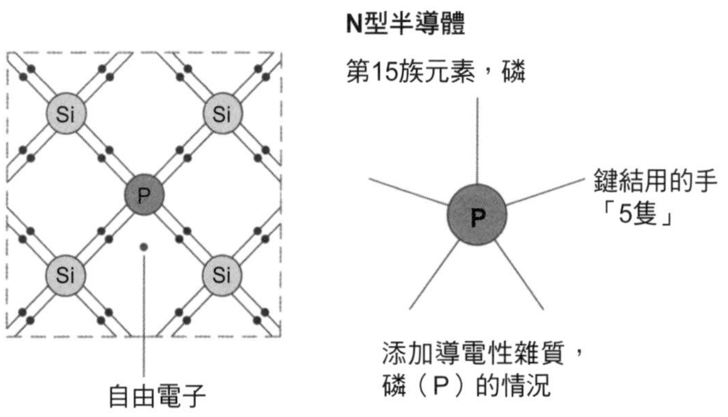

屬於施體型元素。

P型半導體是什麼？

另一方面，若添加第十三族元素的硼（B），那麼硼原子一樣會與周圍四個矽原子形成共價鍵，但硼只有三個最外層電子，少了一個電子。

這個少了電子的區域（電子不足區），會移動到附近的鍵結電子，形成新的電子不足區，然後再移動到其他的鍵結電子，反覆進行著相同過程。若從外界觀察，會看到原本不應該移動的鍵結電子像撞球般一個個依序移動，所以施加電壓時會產生電流。

若將這種現象視為「缺少電子的洞在移動」會方便許多。此時，這個缺少電子的洞可以視為實際存在的粒子，稱做「電洞」（hole），也就是帶有**正電荷**（Positive charge）的粒子。

這種由帶正電荷的電洞傳導電流的矽半導體，叫做**P型矽半導體**（圖4-2-7）。添加了導電性雜質的N型或P型半導體，統稱為雜質半導體。

實際製作半導體元件時，須將拉晶得到的棒狀矽單晶（矽錠）切成一片片薄型圓板的矽晶圓。而在這

圖4-2-7　添加硼（B）的P型矽半導體

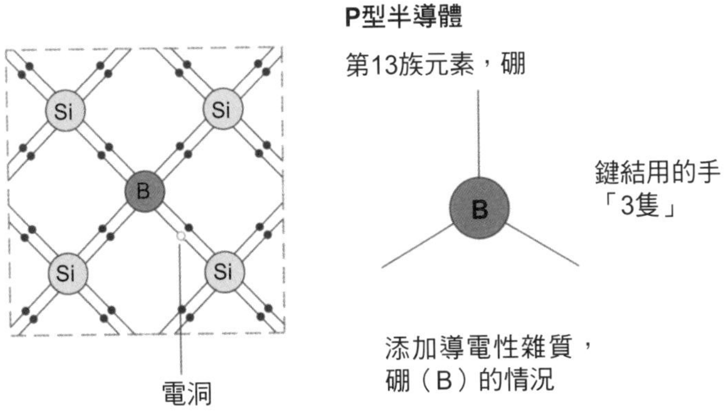

圖4-2-8　矽錠表面磨削與線鋸切片

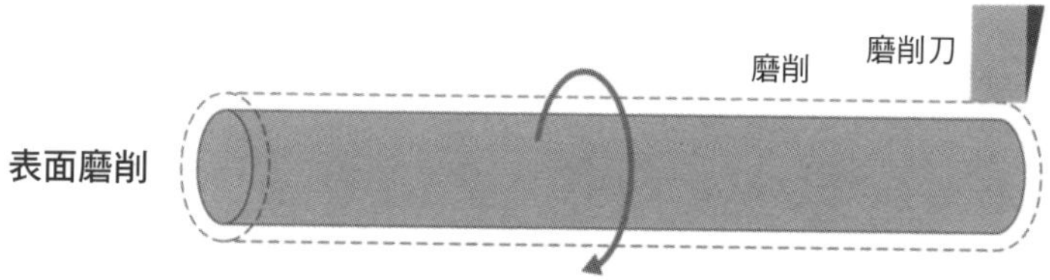

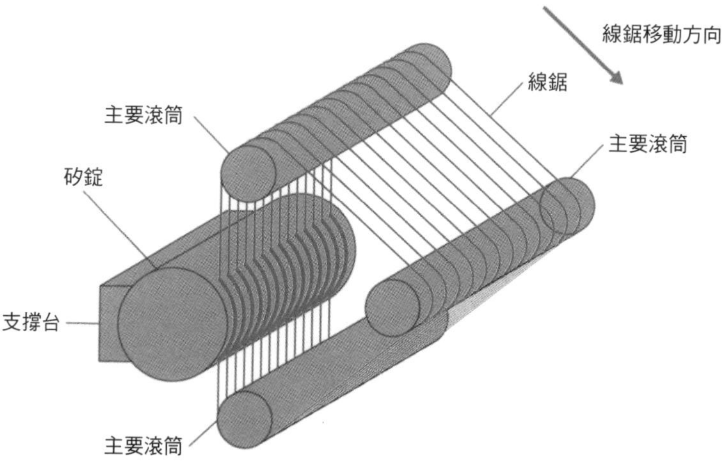

圖4-2-9　磨平矽晶圓表面，進行鏡面處理

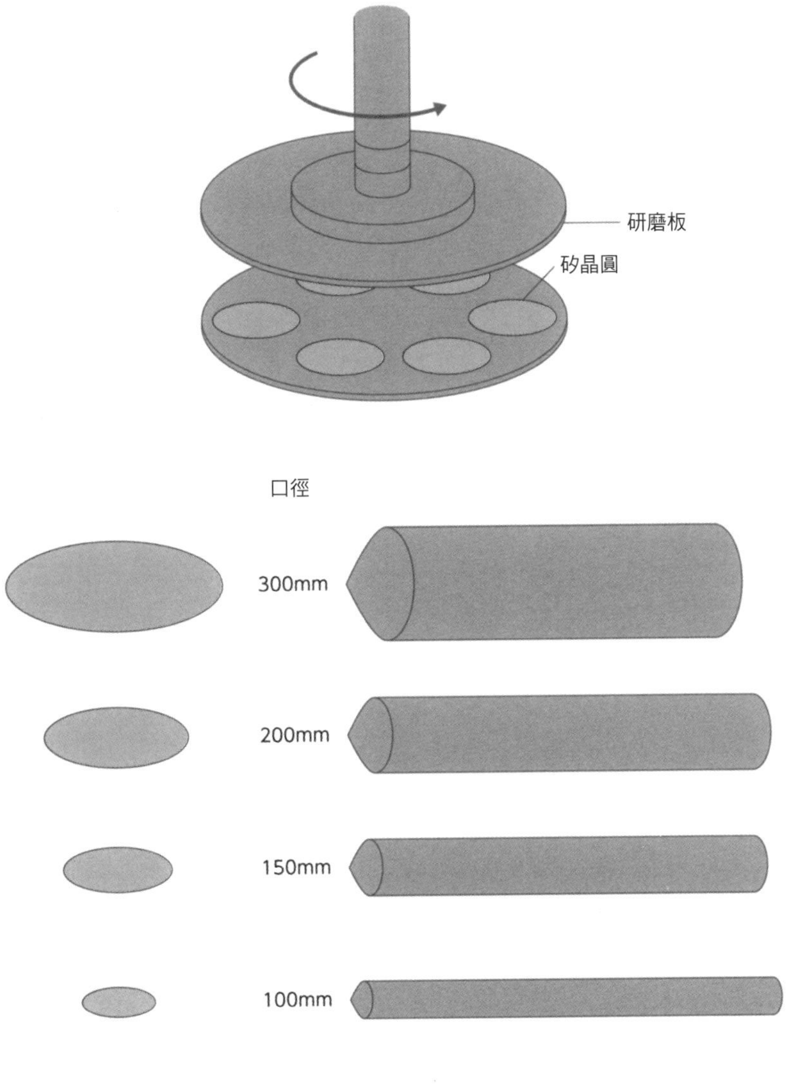

之前，須切除矽錠的頭部、尾部，然後依照需要的晶圓直徑磨削矽錠表面，再用線鋸將矽錠切成一片片指定厚度的圓板（第一五二頁圖4-2-8）。

接著要透過研磨（lapping）處理，調整晶圓正反面的平行程度，以化學蝕刻方式去除晶圓表面的物理損傷。再來，為了確實磨平晶圓的表面，須進行拋光（polishing）。此時晶圓表面（以及背面）會呈現出鏡面狀態（前頁圖4-2-9）。

完成後的矽晶圓，純度達13N等級（十三個9），且十分平坦。若將直徑放大到東京巨蛋那麼大，那麼表面的高低差會在二〇μm以內，細緻程度十分驚人。

圖4-2-10為矽晶圓直徑的變化。每過一個世代，直徑會變成一．五倍大。不過目前十八吋晶圓還未進入商業量產。

圖4-2-10　矽晶圓直徑的變化

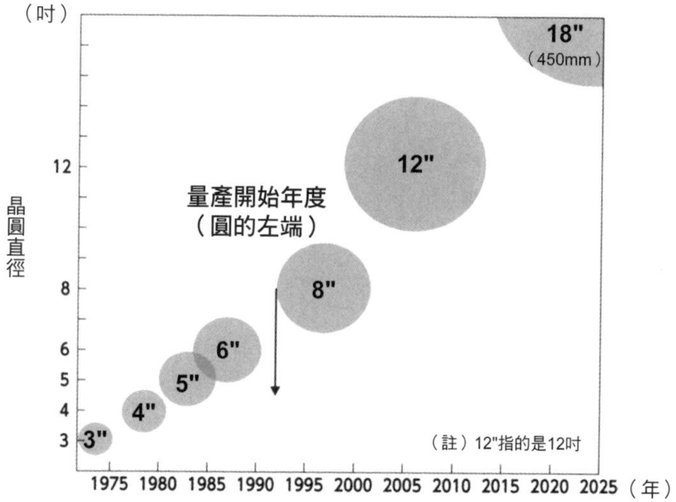

Section 03

首先介紹電晶體

在開始說明什麼是積體電路（IC）之前，先簡單介紹基本的二極體（diode）與電晶體（transistor）。

二極體diode是由di（兩個）與ode（極）構成的合成字，是有兩個極的元件。**電晶體**transistor則是由transmit（傳送）與resister（電阻）構成的合成字，表示可傳遞訊號的電阻。

二極體與電晶體各自都有許多種類，這裡要說明的是用矽製成的基本類型。

電晶體的原理與種類

我們在4-2中提過，N型半導體內的導電性雜質為磷。若在N型矽晶圓表面附近的一小部分區域內，

圖4-3-1　矽的PN接合二極體

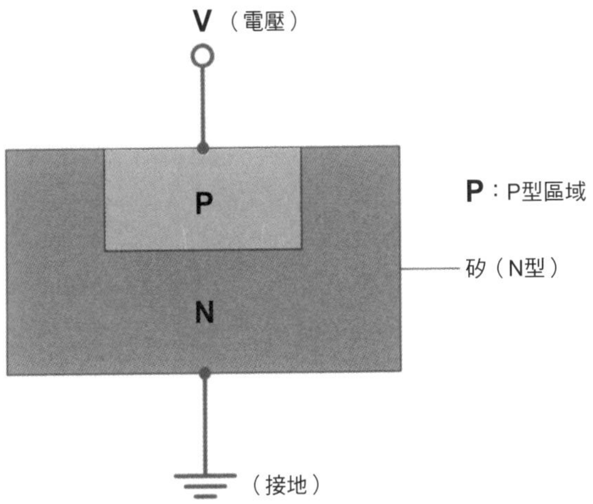

添加濃度比磷高的硼，形成P型區域，再從矽基板與P型區域各拉出一個電極，便可得到PN接合二極體（圖4-3-1）。

將這個二極體的矽基板接地，從P型區域施加電壓，從負電壓開始，逐漸上升到正電壓。施加負電壓時，兩極之間幾乎沒有電流通過，但施加正電壓時，會在超過0．4V（伏特）的瞬間，突然產生電流。若繼續增加電壓，那麼電流也會跟著增加。此時的電流稱做順向電流，若從P型區域施加的電壓為正電壓，則稱做順向偏壓。

另一方面，從P型區域施加負電壓（逆向偏壓）時，幾乎不會有電流通過，反而會使P型區域與N型區域之間出現電流隔閡（空乏層變寬）。不過當逆向偏壓過大，就會突然產生很大的電流，此時的電壓稱做崩潰電壓，電流稱做崩潰電流（圖4-3-2）。

二極體會根據兩個電極的極性方向（哪個電極為負極），決定是否有電流通過。也就是說，二極體有整流作用，可當做主動元件使用。而當二極體被施加很大的逆向偏壓，會出現崩潰現象，突然產生很大的電流。這種現象可用於生成固定電壓。另外，施加逆向電壓時，二極體的空乏層變寬，使電流難以通過

圖4-3-2　PN接合二極體的整流作用

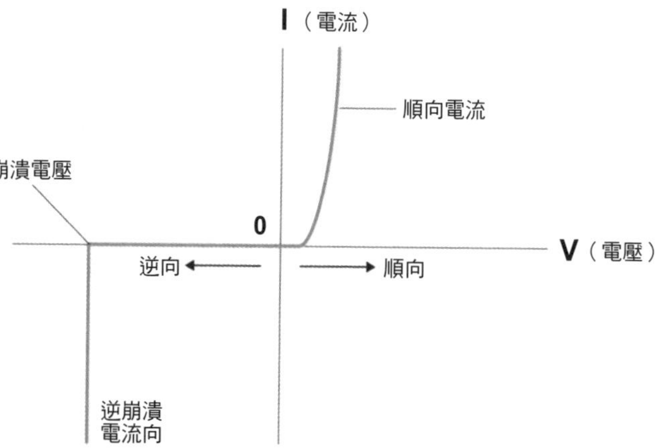

（分離特性），這可以說是相當重要的特性。

兩種MOS電晶體

電晶體也有許多種類型，這裡要介紹的是最具代表性的「**MOS電晶體**」。MOS電晶體大致上可分為兩類，一類是使用自由電子的**N通道型MOS**（圖4-3-3），另一類是使用電洞的**P通道型MOS**（次頁圖4-3-4）。

這兩張圖中也同時列出了有四個端子的電路符號。N通道型MOS與P通道型MOS的差別，在於矽基板端子上的箭頭方向不同。

為什麼叫做「MOS」？

以N型MOS電晶體（簡稱NMOS）為例說明。NMOS中，P型矽基板的表面附近，有兩個彼此靠得很近的N型區域（源極區與汲極區）。源極區與汲極區間的矽基板表面有二氧化矽（SiO_2）構成的閘極絕緣膜，其上有金屬或多晶矽（poly-Si）構成的閘極電極。

這個NMOS電晶體元件有四個端子，分別是矽

圖4-3-3　N通道型MOS電晶體的剖面模型

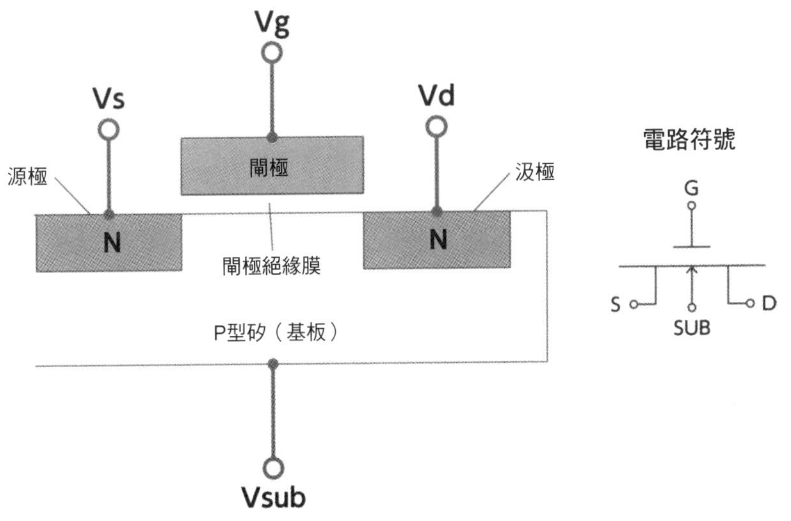

圖4-3-4　P通道型MOS電晶體的剖面模型

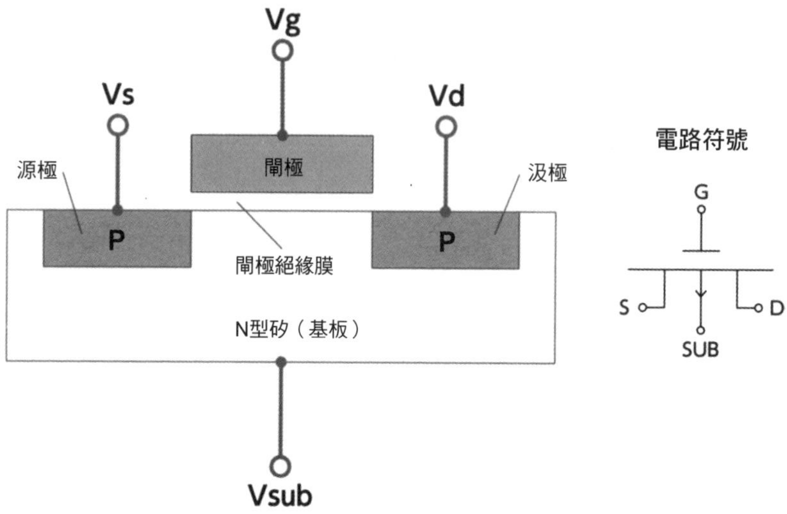

基板電極（Vsub）、源極（Vs）、汲極（Vd），以及閘極（Vg）。

另一方面，P通道型MOS電晶體（PMOS）則是矽基板、源極區域、汲極區域的導電性（P或N）與NMOS截然相反的電晶體。

MOS電晶體的閘極部分，由半導體（S: Semiconductor）矽基板、其上方的絕緣膜（O: Oxide 氧化膜），以及再上方的金屬（M: Metal）堆疊而成，故稱做**MOS**（Metal-Oxide-Semiconductor）。閘極絕緣膜與閘極電極的材料歷經了多次改變，不過MOS這個名稱仍使用至今。

將NMOS電晶體的矽基板與源極接地（Vsub, Vs =0V），對閘極施加數個不同的電壓數值（Vg），並在源極施加持續上升的正電壓（使Vd持續上升），可得到圖4-3-5的電特性圖。

設縱軸為汲極電流（汲極與源極間的電流Id），橫軸為汲極電壓（Vd），設定施加的閘極電壓（Vg）為數個不同的數值，得到的圖一般稱做I-V特性（電流-電壓特性）圖，可以表現出電晶體最基本的特性。

而在PMOS電晶體的情況中，對閘極與汲極電

圖4-3-5　N通道型MOS電晶體的I-V特性

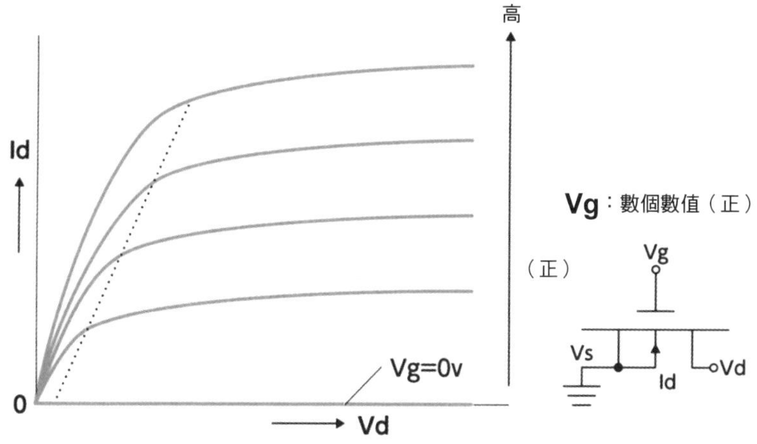

圖4-3-6　P通道型MOS電晶體的I-V特性

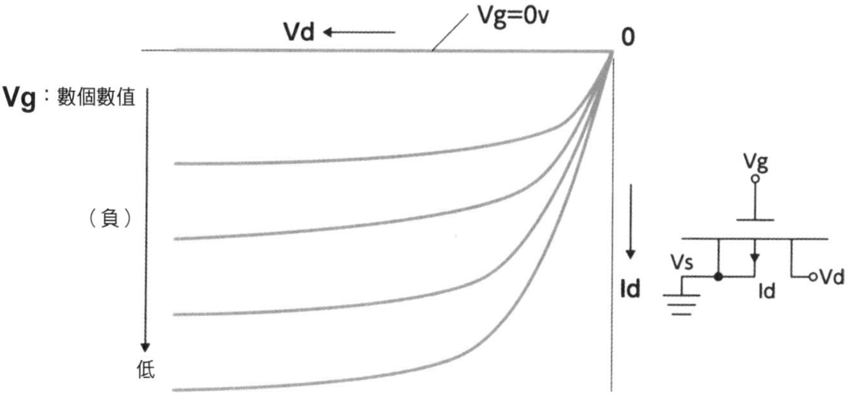

極施加負電壓，可得到圖4-3-6般的I-V特性圖。

綜上所述，MOS電晶體中，對閘極施加不同極性的電壓時，可以切換汲極與源極間電流的開關（on/off）。在電流接通狀態下，還可改變電流大小，故MOS電晶體同時有開關作用與放大作用。

圖4-3-7有助讀者更直觀地理解MOS電晶體的運作方式，由圖中水門的例子可以類推MOS電晶體的狀況。MOS電晶體中供應電子的源極，就像圖中的「水源」；吸取電子的汲極，就像圖中的「排水口」；調整通道中流動電子（電流）強弱的閘極，相當於圖中的「水門」。也就是說，對MOS電晶體的汲極施加正電壓，就相當於啟動排水口的抽水泵浦；而對閘極施加電壓，就相當於打開水門。

圖4-3-7　MOS電晶體的類比

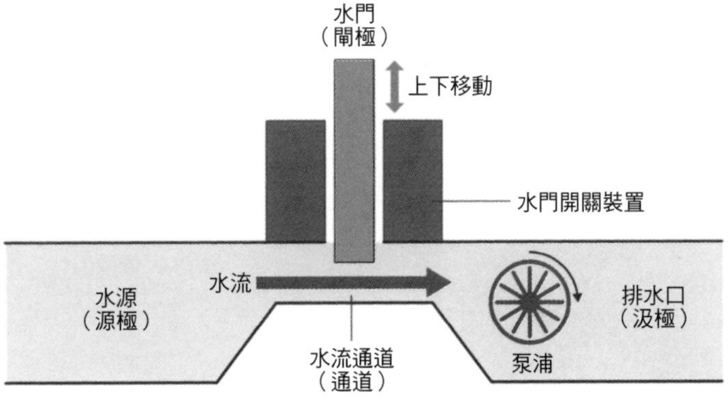

Section 04

積體電路與集積度

積體電路、IC與LSI

將多個主動元件或被動元件放在同一個矽晶片上，然後以內部配線連接這些元件，使其成為擁有一定功能的電路，就是所謂的「**積體電路**」，或是「**IC**」（Integrated Circuits）。

容納了積體電路的矽片，稱做IC晶片，或者簡稱晶片。一個晶片上的元件數，稱做集積度。依照經驗，隨著半導體技術的進步，每隔一年半到兩年，集積度會變成兩倍。這個經驗法則稱做「**摩爾定律**」，是一九六五年時，英特爾的其中一個創辦人高登・摩爾（Gordon Moore）提出的著名法則。

不同集積度的積體電路，名稱也各不相同（次頁圖4-4-1）。

如圖所示，積體電路依集積度（元件數／晶片）可分成以下數類，包括不到一百個的SSI、一百～一千個的MSI、一千～十萬個的LSI、十萬個～一千萬個的VLSI、一千萬個以上的ULSI等。VLSI與ULSI有時也統稱為**超LSI**。順帶一提，最近的IC晶片上，都聚集了數十億～數百億個元件。

像這樣增加積體電路新分類的名稱，常會造成誤解，名稱的意義也變得有些含糊不清。所以我們一般會把小規模的積體電路稱做積體電路（IC），集積度較高的積體電路稱做LSI。事實上，積體電路為一般性的名稱，如果要依照集積度的規模區別各種積體電路，通常會事先說明。

不過近年來，人們不再依照積體電路的規模使用不同名字，而是僅分成ＩＣ（積體電路）與ＬＳＩ等兩大類別。

集積度大有哪些優點？

那麼，提升集積度後，會有什麼結果呢？

集積度提升有兩個原因，首先是晶片上的元件、配線的縮小（細微化），提高了集積密度；另一個原因則是單一ＩＣ晶片變得更大，即大晶片化。

細微化方面，每隔三年，會縮小至〇・七倍。大晶片化方面，近年來的尖端ＩＣ已可做到數公分見方的大小。如此一來，便能實現單一晶片的多功能化、高功能化、高性能化，同時降低單一功能的成本。

高集積化使一個ＩＣ多功能化、高功能化。這表示，元件的細微化與晶片的大面積化，使晶片能夠搭載更多元件。另外，之所以能高性能化與高可靠度化，是因為元件的細微化提升了運作速度，與外部配線（以印刷電路板上的配線連接元件）相比，晶片內的元件間配線可讓配線變得更短，抑制訊號傳遞的延遲，並降低因配線造成的可靠度問題。

圖4-4-1　各種集積度之IC的名稱

IC	全名	中文名稱	集積度
SSI	Small Scale Integration	小型積體電路	未滿100個
MSI	Medium Scale Integration	中型積體電路	100個～1000個
LSI	Large Scale Integration	大型積體電路	1000個～10萬個
VLSI	Very Large Scale Integration	超大型積體電路	10萬個～1000萬個
ULSI	Ultra Large Scale Integration	極大型積體電路	1000萬個以上

註：VLSI與ULSI也可統稱為超LSI

Section 05

依功能為積體電路分類，以及各類積體電路的代表性廠商

積體電路（IC）依功能可分類如次頁圖4-5-1。不過，這裡的積體電路主要指的是使用MOS電晶體，用於處理數位訊號的積體電路。

記憶用的「記憶體」

「**記憶體**」是一種能夠記憶資訊，並在必要時取出這些資訊利用的IC。記憶體可以分成切斷電源後資訊會跟著消失的「揮發性記憶體」，以及切斷電源後資訊不會跟著消失的「非揮發性記憶體」。代表性的揮發性記憶體如DRAM（須進行記憶保持動作的隨機存取記憶體）與SRAM（不須記憶保持動作的隨機存取記憶體）。

除此之外，記憶體還包括MRAM（磁阻RAM）、PCRAM（相變化RAM）、RRAM（電阻變化RAM）等用新材料製作的新型記憶體，有些也已經商業化生產。

這些記憶體中，最為大眾所知的是**DRAM**。DRAM的一個記憶單位由一個MOS電晶體與一個電容構成，結構相對簡單，在高度集積化與記憶容量的提升上相對方便，單位記憶容量的成本比較低。寫入、讀取速度較快，但記憶的資訊會逐漸消失，且讀取時會破壞資訊，所以須要再度寫入的動作（refresh動作）。因為有這種特性，使DRAM廣泛應用於電腦的主記憶體。

DRAM的代表性廠商包括三星電子（韓）、SK海力士（韓）、美光科技（美）、南亞科技（臺）。

圖4-5-1　依積體電路（IC）的功能分類——以MOS型電晶體製作的數位IC

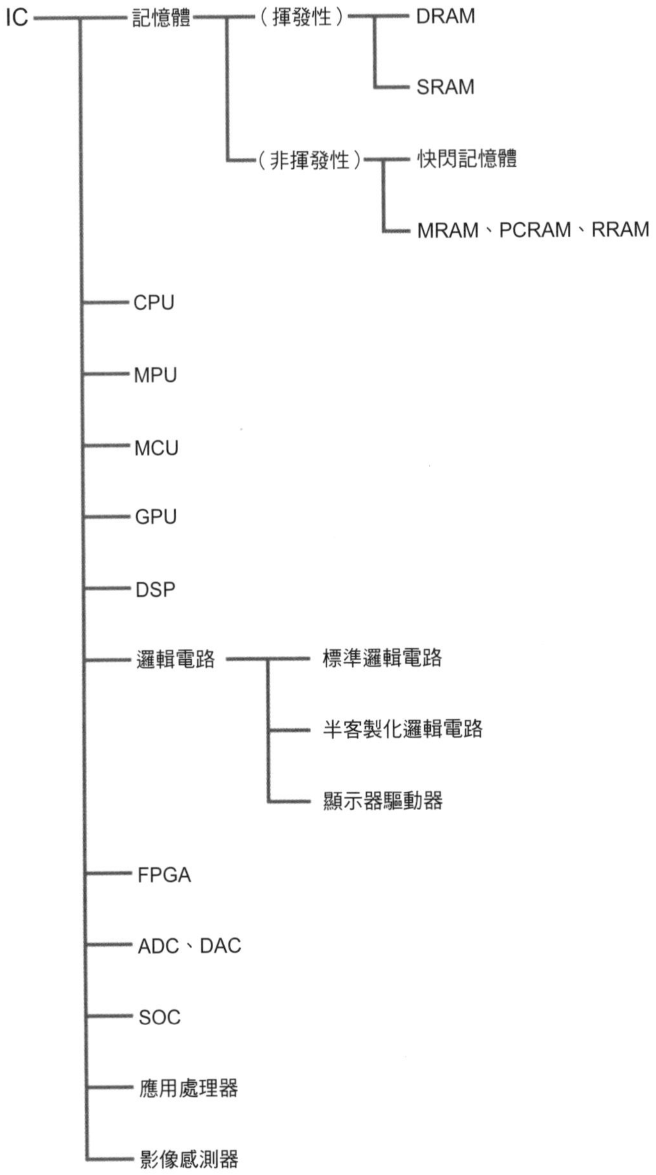

SRAM通常由六個MOS電晶體構成一個記憶單元，在高度集積化與記憶容量的提升上較困難，單位記憶容量的成本難以降低。不須要再度寫入動作，寫入與讀取的速度相當快，故常用做快取記憶體。

SRAM的製造商相當多，這裡便不一一列出。

快閃記憶體（Flash）為代表性的非揮發性記憶體，即使切斷電源，仍會持續記住資訊。記憶單元由單一記憶電晶體構成，可高度集積化、大幅提升記憶容量、易於降低單位容量的成本。特別是NAND快閃記憶體（利用NAND邏輯的快閃記憶體）可以高密度化，故可做為儲存用記憶體，用於智慧型手機等行動裝置的儲存裝置、記憶卡，或是SSD等地方。

快閃記憶體的主要廠商包括三星電子（韓）、鎧俠（日）、威騰電子（美）、SK海力士（韓）、美光科技（美）等。

相當於頭腦的「CPU」

CPU（中央處理器）是相當於電腦心臟的IC，進行各種運算處理與控制。

CPU中的**MPU**（微處理器）是將擁有運算與控制等功能的電路「聚集在單一矽晶片的IC」，可分為CISC類與RISC類兩種系統。CISC的硬體較複雜，軟體較簡單；RISC則相反，軟體較複雜，硬體較簡單。整體而言，近年來RISC的發展較為蓬勃。

MPU的主要廠商包括英特爾（美）、高通（美）、AMD（美）、德州儀器（美）、恩智浦半導體（荷）等。

MCU（微控制器）則是以微處理器為基礎的控制裝置。與MPU相比，MCU的功能與性能較為侷限，規模較小。

MCU的主要廠商包括瑞薩（日）、恩智浦半導體（荷）、德州儀器（美）、意法半導體（瑞士）等。

擁有特殊功能的晶片

GPU（圖形處理器）是專用於快速計算處理並即時描繪3D圖形的處理裝置（矽晶片）。CPU是電腦與伺服器的頭腦，相對的，GPU則是「專用於處理圖形的頭腦」。遊戲與比特幣（虛擬貨幣）的挖

圖4-5-2　主要IC產品與代表性廠商

IC產品	主要用途	代表性廠商
DRAM	電腦的主記憶體	三星電子、SK海力士、美光科技、南亞科技
SRAM	快取記憶體	多數不特定廠商
快閃記憶體	行動裝置的內部儲存裝置、記憶卡	三星電子、鎧俠、威騰電子、SK海力士、美光科技
MPU	電腦的心臟部分（CPU）	英特爾、高通、AMD、恩智浦半導體、德州儀器
MCU	控制電子機械、IoT	瑞薩、恩智浦半導體、德州儀器、意法半導體
GPU	深度學習、遊戲、挖礦	輝達、英特爾、AMD
DSP	數位訊號的分析與運算	恩智浦半導體、德州儀器、鼎雲
邏輯電路	邏輯運算功能	多數不特定廠商
FPGA	高解析度TV、DVD投影機、行動裝置	賽靈思（現AMD）、英特爾、微晶片、萊迪思半導體、快輯
ADC、DAC	數位相機、數位錄放影機、醫療機器、影像處理、傳送	德州儀器、瑞薩、亞德諾半導體
應用處理器（一種SOC）	深度學習、網路、基頻	谷歌、蘋果、亞馬遜、Meta、思科系統、諾基亞、博通、華為、聯發科、邁威爾半導體
影像感測器	智慧型手機、數位相機、數位錄放影機、個人電腦、遊戲機、汽車、無人機、工業用機器、網路機器	索尼、三星電子、豪威、意法半導體

礦就會用到GPU。

主要GPU廠商包括美國的輝達、英特爾、AMD等。

DSP（數位訊號處理器）為專門處理各種數位化訊號的晶片，可以快速處理資料量龐大的聲音或圖像數位資料，專長是平行處理細分後的命令。主要DSP廠商包括恩智浦半導體（荷）、德州儀器（美）、鼎雲（美）等。

邏輯電路可以分成標準邏輯電路、半客製化邏輯電路、顯示器驅動器等。半客製化邏輯電路會依照用途或用戶需求而有不同設計，顯示器驅動器則是用來驅動液晶或OLED等顯示器的IC。

FPGA（場域可程式化邏輯陣列）為PLD（可程式化邏輯元件）

的一種，在元件製造完成後，可依照用戶目的，以程式改變其功能，所以新產品或產品原型的開發可以迅速完成。加上FPGA可以幫助AI技術進步，使FPGA近年來漸受矚目。

FPGA的主要廠商包括賽靈思（二〇二二年被AMD收購）、英特爾（收購Altera）、微晶片（英）、萊迪思半導體（美）、快輯（美）等。

ADC（類比數位轉換器）、**DAC**（數位類比轉換器）分別是將類比訊號轉換成數位訊號，以及將數位訊號轉換成類比訊號的電路。轉換成數位訊號時的處理相對複雜，這種轉換器可以迅速且正確地轉換訊號。

ADC、DAC的主要廠商包括德州儀器（美）、瑞薩（日）、亞德諾半導體（美）等。

SOC（system on chip）顧名思義，就是將整個系統的功能放在一個矽晶片上的IC。如前所述，SOC上距離了各式各樣的功能電路。IT大廠會自行開發應用處理器，以進行深度學習（人工智慧）訓練，或者用於其他自家產品，這也是一種SOC。

應用處理器是運用SOC技術，為了特定目的（功能、動作）而製作的處理器。應用處理器的廠商包括美國的谷歌、蘋果、亞馬遜、Meta、思科系統、博通、邁威爾半導體，美國以外的廠商則包括諾基亞（芬蘭）、華為（中）、聯發科（臺）。

影像感測器（感光元件）是能將從透鏡入射的光訊號轉換成電訊號的IC，有「電子之眼」之稱。影像感測器會透過PD（光電二極體），將入射的光訊號轉換成電訊號，然後用各式各樣的方式處理這個訊號，形成影像或者做出特定反應。影像感測器的廠商包括索尼（日）、三星電子（韓）、豪威（美）、意法半導體（瑞士）。

除了以上提到的各種功能，積體電路還包括能處理類比訊號、控制電源或動力的類比IC、由使用化合物半導體做為基板的半導體雷射、能產生可見光的LED（發光二極體）、不是控制訊號而是控制或轉換電力的功率半導體、將微型機械使用的感測器、致動器、電子電路等整合成擁有超小型結構的微機電系統（MEMS）。

譬如ＩｏＴ等系統，就會透過半導體感測器蒐集資料，並盡可能在裝置端處理資料，處理不完的資料再上傳到網路上，也就是所謂的**邊緣運算**。進行邊緣運算時，須將擁有各種功能的元件整合在單一個ＩＣ上（圖４-５-３）。

圖4-5-3　IoT的邊緣運算IC範例

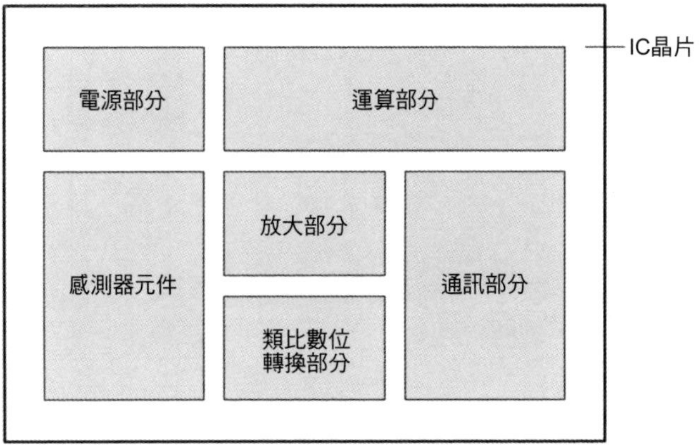

IoT：物聯網

專欄

登納德定律（比例定律）

正文中提到的「摩爾定律」，是描述半導體（MOS LSI）細微化、高度集積化的經驗法則。而**登納德定律**則是與MOS電晶體細微化（縮小化）有關，是比摩爾定律更為物理性的法則。

這是IBM的羅伯特・登納德（Robert Dennard）於1974年提出，是能夠有效描述MOS電晶體細微化進程的指導原則。這個定律（經驗法則）也叫做**比例定律**、比例縮小定律等。

其內容為，設比例係數為k（＜1.0）、欲將MOS電晶體的大小（譬如通道長L、通道寬度W、閘極絕緣膜厚Tox等）變成k倍，那麼訊號傳遞的延遲時間會變成k倍，消耗電力會變成k^2倍。實際上，半導體（MOS LSI）所使用之MOS電晶體，細微化的比例係數約為每三年k＝0.7倍。

MOS FET的比例定律

	參數	比例
元件結構參數	通道長　L	k
	通道寬　W	k
	閘極氧化膜厚　xi	k
	接合深度　xi	k
	元件佔有面積　S	k^2
	基板雜質密度　Nsub	1/k
電路參數	電場　E	1
	電壓　V	k
	電流　I	k
	電容　C	k
	延遲時間　τ＝VC/I	k
	消耗電力　P＝IV	k^2
	消耗電力密度　P/S	1

第五章

半導體會用在哪些地方？
有什麼功能？

Section 01

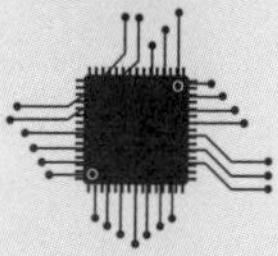

半導體會用在哪些地方？
——電腦領域

產業食糧「半導體」

日本有「產業食糧」這個詞。這是日本戰後的經濟用詞，指的是產業的核心、可應用在許多領域，為整體產業基礎，與生活密不可分的某種東西。在日本高速成長時代，提到「產業食糧」時，一般是指「鋼鐵」。不過到了今天，產業食糧變成了「**半導體**」。

那麼，半導體是用來做什麼，又是如何運作的呢？大部分的人應該也很難回答得出來吧。在本章前半，我們將說明半導體會應用在哪些領域，這些領域又是如何使用半導體。

在本章後半，將會說明半導體的基本功能與運作原理。看到這個部分時，應該會有讀者覺得不大好閱讀。若是如此，可以直接跳到第六章沒關係，這麼做並不會影響對第六章的理解。不過，如果對這方面知識有些興趣，不妨動動腦試著理解這些內容。

從超級電腦到你我周遭的個人電腦的CPU

提到「會思考的物品」，多數人第一個想到的應該是電腦之類的東西吧。雖然都叫做電腦，但也可分成許多層級，從最高級的超級電腦，再來到伺服器、工作站，然後是個人電腦。但不論是哪種電腦，都有心臟般的CPU，以及GPU、FPGA、記憶體（主記憶體的DRAM、快取記憶體的SRAM）、輔助記憶裝置的NAND快閃記憶體IC、各種控制用IC、通訊用IC等。

舉例來說，在二〇二二年時，全球性能最強的日

圖5-1-1 「富岳」所使用的特製CPU（A64FX）

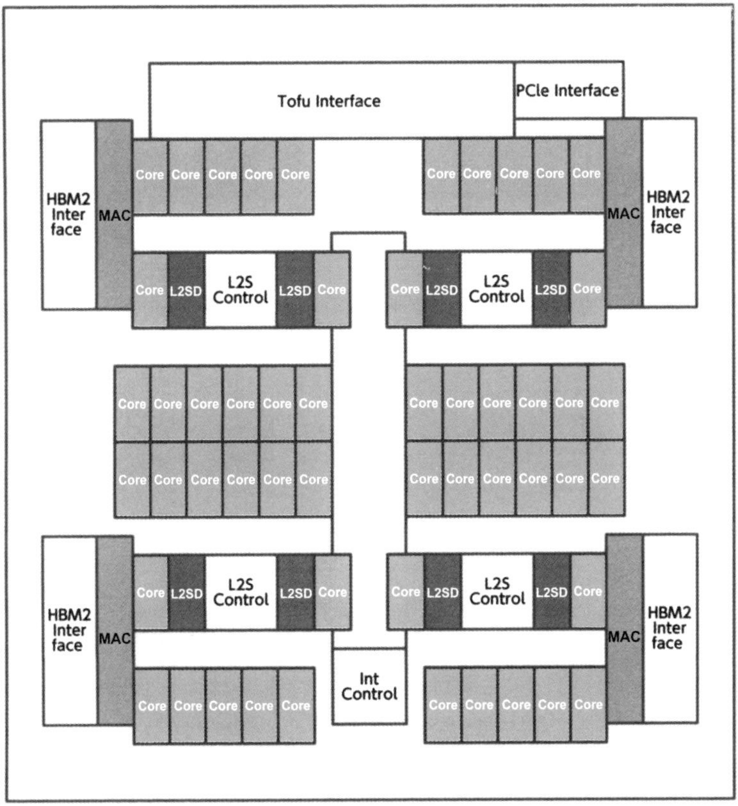

本超級電腦「富岳」，就使用了十五萬以上的特製CPU（A64FX）（圖5-1-1）。

一般來說，層次越高的電腦，需要的CPU性能越高。以英特爾的CPU產品為例，他們有供應資料中心、商用伺服器、工作站的高階MPU Xeon，也有供應個人電腦的Core i系列與低階的Celeron系列。

行動裝置也會用到？

筆記型電腦、智慧型手機、平板電腦等行動裝置也會使用CPU、GPU、記憶體、儲存裝置、控制用IC、輸入輸出用IC、通訊用IC等晶片。

行動裝置專用CPU，SOC（將CPU與其他應用功能全部整合到單一晶片上的多功能IC）的特徵在於，性能比個人電腦的CPU稍差，但在耗電量上表現優異許多。

舉例來說，蘋果的A系列、高通（美）的高通驍龍系列、三星電子的Exynos系列、海思半導體（中）的麒麟系列、聯發科的天璣系列與曦力系列、谷歌的Tensor、AMD（美）的Athron、展訊的T618、英特爾的Atom等。

讓我們以智慧型手機做為行動裝置的代表，看看智慧型手機用到了哪些種類的半導體。應用處理器（AP晶片）為智慧型手機的核心部分，可以說是最適合行動裝置OS上的應用程式處理晶片。

此外，智慧型手機也搭載了CPU、GPU、DSP、通訊MODEM、CODEC、PLL、RFIC、放大器、1／OLED驅動器、音樂IC、做為記憶體的DRAM、SRAM、快閃記憶體、智慧型手機特有的MEMS感測器（溫度、力、加速度）、MEMS（揚聲器、麥克風）、影像感測器、功率IC、ADC／DAC、電源IC等（圖5-1-2）。

應用處理器供AI（人工智慧）聲音助理使用。通訊用MODEM為數位調變的專用IC，可將資料轉換成電波訊號，並收發這些訊號。這些IC的供應商包括美國的高通、博通，以及臺灣的聯發科。智慧型手機內各種IC需要的不同電源皆由4．1V的鋰離子電池供應，故需要DC／DC轉換器等電源IC。

圖5-1-2　智慧型手機使用的各種IC

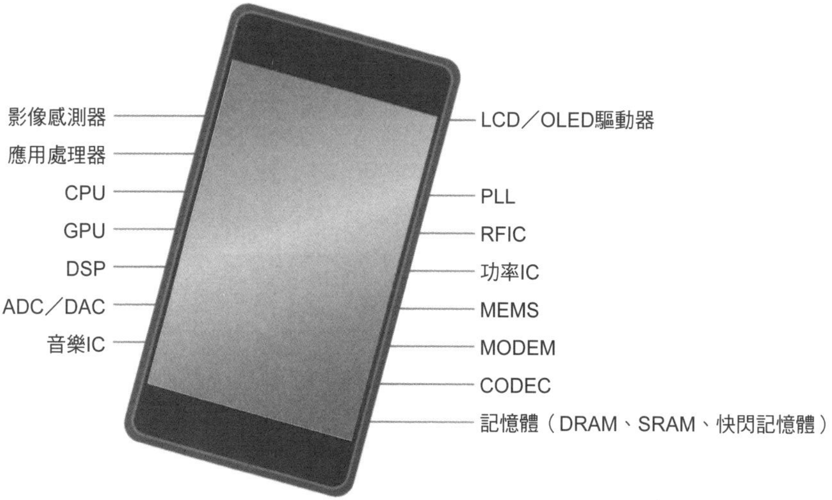

圖5-1-3　智慧型手機搭載的各種半導體之例

應用處理器
CPU　GPU　DSP
MODEM　CODEC
PLL　RFIC　放大器　功率IC　電源IC
LCD／OLED驅動器
音樂IC
記憶體（DRAM　SRAM　FLASH）
MEMS（感測器　麥克風　揚聲器）
影像感測器
ADC／DAC
等等

Section 02

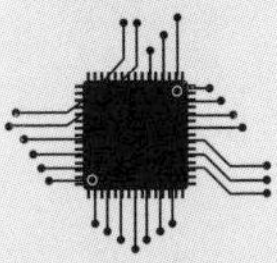

半導體會用在哪些地方？

——周遭的產品

家電會使用哪些IC呢？

電視、電子鍋、冰箱、洗衣機、數位相機、空調、體溫計、計步器等家電產品內，也含有MCU與各種感測IC、電源IC。譬如電子鍋就搭載了MCU、IGBT驅動器（絕緣閘雙極電晶體）、感測器（溫度、觸覺）、語音合成IC、音訊放大IC、LCD驅動器、EEPROM、電源IC等。

車用半導體有哪些？

近年來，汽車也被稱做「會跑的半導體」，搭載了各式各樣的半導體。這些半導體也叫做「車用半導體」。

具體來說，車用半導體可以分成控制引擎、制動器等的行走控制系統，控制儀錶板或電動後照鏡的車體控制系統，控制汽車音響與導航的資訊系統，數十個到一百多個的微控制器，用於感測壓力、加速度、迴轉的MEMS感測器，被稱做電子之眼的影像感測器，控制電力系統、驅動電動窗、雨刷、方向燈等的小型馬達所使用的功率半導體等等。

另外，電動車（EV）內還有功率半導體可控制馬達、進行再生煞車充電。目前車用零件中，半導體的比例僅占約數%，不過有人預測，未來高級車可能會成長到二〇%。特別是當自動駕駛車普及後，用於感測危險的半導體，重要性也會越來越高。

IC晶片卡內的半導體

IC卡與磁卡的外觀十分相似，內部結構卻有很大的差異。IC卡就是「搭載了IC晶片的卡」，可

圖5-2-1　IC卡內也含有各種IC

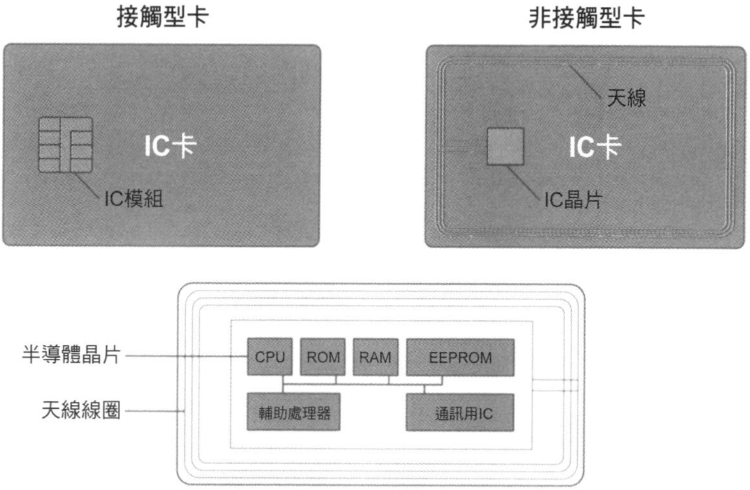

（使用的IC：CPU、輔助處理器、ROM、RAM、通訊用IC）

分為「接觸型」與「非接觸型」兩種。接觸型IC卡上有內建端子，須與卡片讀取裝置直接接觸才能辨識。另一方面，非接觸型端子則是內建天線，接觸到卡片讀取裝置的磁場時，便會透過無線通訊傳輸資料（圖5-2-1）。

同樣是IC卡，也可分為金融類的金融卡、信用卡，交通類卡片、住基卡*、駕照等，種類繁多。這些卡片搭載的IC也有很多種，包括CPU、輔助處理器（輔助CPU功能的IC）、記憶體（ROM、RAM、EEPROM）等。

遊戲機內有哪些IC？

某些小型攜帶式遊戲機，讓我們可以看著液晶畫面操控，遊戲軟體直接存在機體內。近年來，這些遊戲機常被稱做「**尖端半導體的寶庫**」，搭載了許多最先進的半導體。

譬如將CPU、GPU整合在單一晶片上的SOC、結合了DRAM（記憶體）與邏輯電路的LSI（eDRAM），以及MEMS動作感測器、觸

*譯註：住基卡，日本用於記錄居民基本資料的卡。

控螢幕控制IC、低耗電的MCU（單晶片）、DSP（專用於數位訊號處理）、NFC控制IC（檢測IC標籤）、PMIC（電力管控用IC）、LED驅動器（驅動LED明滅的裝置）等晶片（圖5-5-2）。

圖5-2-2　遊戲機中以會用到多種IC

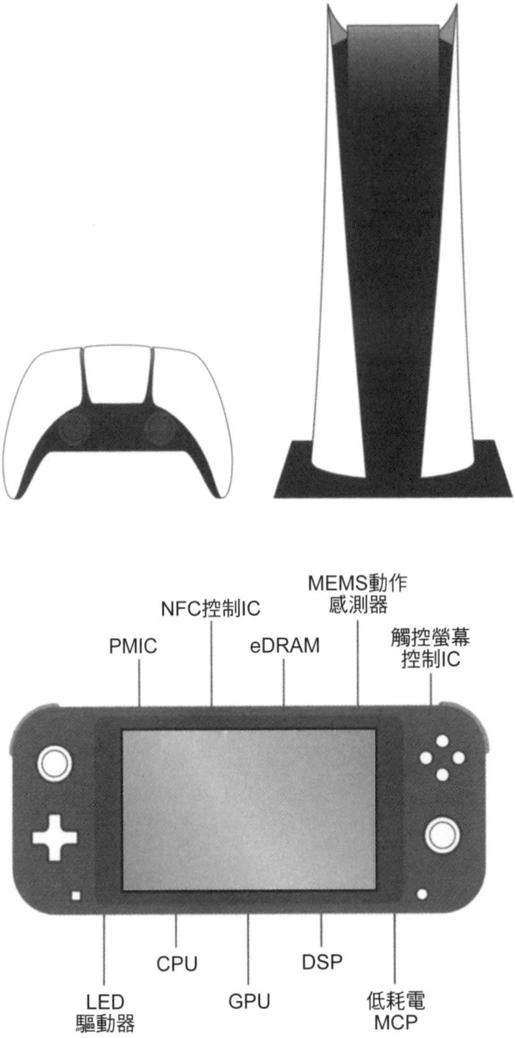

Section 03

半導體會用在哪些地方？——基礎建設、醫療領域

電力管線、瓦斯管線、自來水管線、交通道路設施、電話網路等通訊服務、醫療服務等公共設施與社會制度，是支撐著我們生活的基礎。保養、提升這些設備，須要應用各種IT技術。

這些技術的核心就是半導體。或許一般人不大會注意到，不過半導體已大量應用在許多領域中。

舉例來說，工具機、工業機械、半導體製造設備、工業用機器人等都會用到各式各樣的半導體（IC）。譬如用於掌握周圍環境或動作的影像感測器、聲音感測器、加速度感測器、溫度感測器等各種MEMS感測器，用於分析資料、控制元件的MCU（單晶片）、DSP、DRAM、快閃記憶體、功率半導體、通訊用IC、FPGA等等（圖5-3-1）。

圖5-3-1　工具機等機械所使用的多個IC

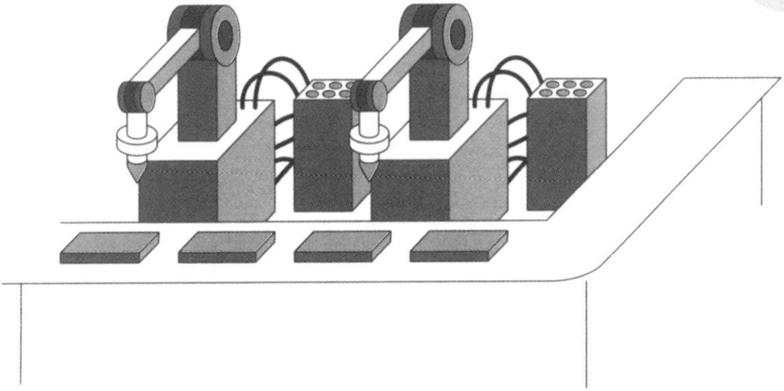

MEMS感測器、MCU、DSP、FPGA、DRAM、快閃記憶體、通訊用IC、功率半導體…

圖5-3-2　醫療用膠囊型內視鏡所使用的IC

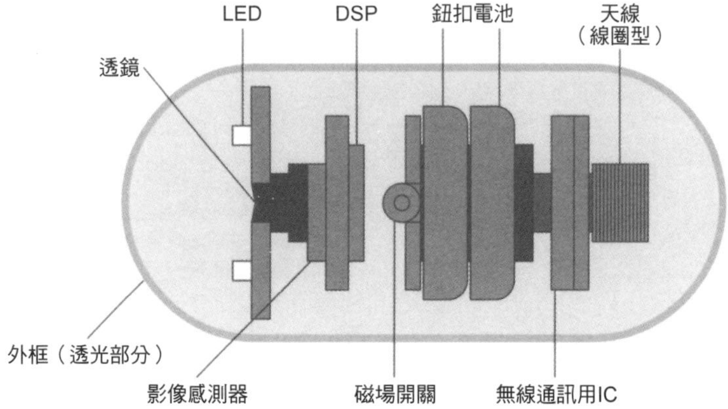

醫療現場可以看到的各種機器，從CT、MRI、PET等複雜的醫療用儀器，到內視鏡、計步器、電子體溫計等，都會用到各種半導體感測器與控制用單晶片。

以前醫療人員會用胃鏡或大腸內視鏡觀看消化道狀況，近年來醫療機構則會活用尖端半導體技術，改用膠囊型內視鏡（圖5-3-2）。膠囊型內視鏡內有可以照亮內部組織的LED、攝影用的影像感測器、與外界傳輸資料用的無線通訊用IC、控制整個內視鏡的單晶片或ASIC（特定用途的IC）等等。

進行健康照護時，須蒐集對象的體溫、血壓、脈搏、體重等各種資訊，此時便需要各種MEMS半導體感測器，然後將蒐集來的資料送至伺服器做進一步分析。

因此，隨著半導體技術的提升，醫療中的DX（數位化轉型）未來也將急速發展。

Section 04

半導體會用在哪些地方？

——AI、IoT、無人機……

資料中心

IT技術的應用正在逐漸擴張、進化，需求也逐漸多樣化。為防止企業因自然災害而終止營運，企業的營運持續計畫（BCP）中，須確保系統的安全與穩定運作。資料中心為集中管理、運作許多伺服器、網路機器等IT機器的設施。

資料中心內會大量使用英特爾的Xeon、AMD的EPYC等伺服器用的高性能MPU，輝達或AMD的GPU、應用處理器、FPGA、DRAM、快閃記憶體、通訊用IC等。

IT大廠等超大規模企業的龐大資料中心，會使用到大量電力與冷卻用水，有時會被所在地視為環境問題。

AI、深度學習

依照原本的定義，AI（人工智慧）指的是「擁有智慧的機械，特別是用於製作擁有智慧之電腦程式的科學或技術」。另一方面，深度學習則是讓電腦學習一般人類工作的一種機器學習方式。人類在學習之後，腦中神經網路會變得越來越複雜。深度學習便是運用這種原理，成為今日AI技術的核心（次頁圖5-4-1）。

專為機器學習與深度學習設計的AI晶片（AI加速器），包括谷歌的TPU（Tensor Processing Unit）、蘋果的Axx仿生晶片、英特爾的XPU、IBM的Telum處理器等。

圖5-4-1　在人工智慧（AI）中相當活躍的IC

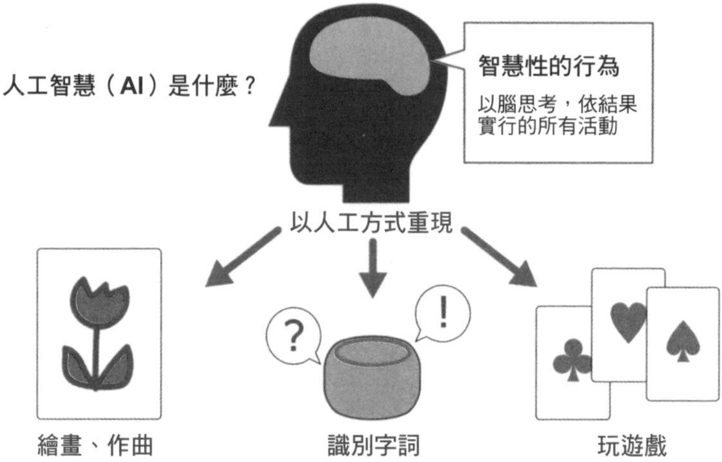

谷歌的TPU、蘋果的Axx仿生晶片、英特爾的XPU、IBM的Telum處理器

IoT、DX

IoT指的是將各種物品連上網路，彼此交換資訊，實現數位社會的方法。另一方面，DX（數位化轉型）則是將進化後的數位技術融入社會每個網路，讓生活變得更加多采多姿的方式（圖5-4-2）。

IoT或DX的系統中，也會使用許多各式種類的IC。譬如使用各種MEMS（微機電系統）檢測、蒐集各種類比資料，如溫度感測器、壓力感測器、加速度感測器、角速度感測器（偵測旋轉）等，或是以CMOS製成的影像感測器。除此之外，某些類比IC可放大原本相當微弱的類比訊號，ADC（類比數位轉換器）可將類比訊號轉換成數位訊號，MCU（單晶片）可處理數位訊號，DAC（數位類比轉換器）可將數位訊號轉換成類比訊號。

還有像是將處理完畢的資訊上傳到網路上的通訊用IC、協調整體運作時需要的PMIC（電源管理IC）等，皆為不可或缺的晶片。而IoT裝置在將資料上傳網路之前，通常會在邊緣端（裝置所在位置）進行一定程度的資料分析與處理，所以閘道器內部會搭載SOC或CPU。

圖5-4-2　近期備受矚目的IoT與DX等概念會用到的IC

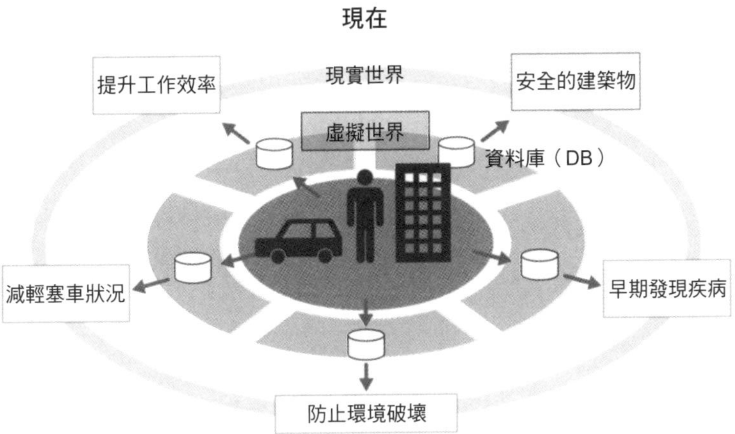

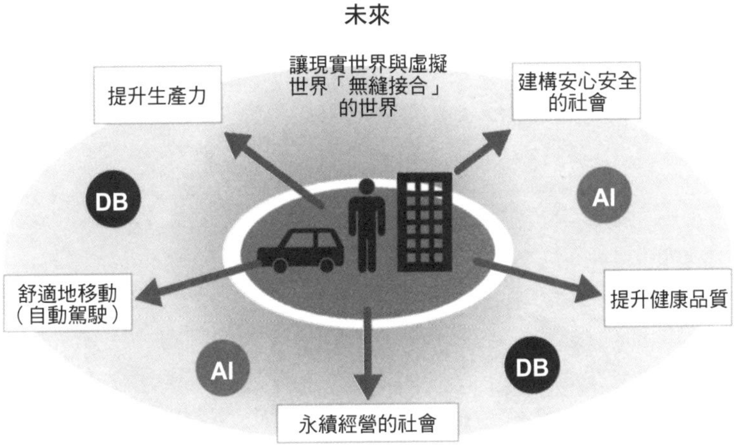

MEMS感測器、影像感測器、類比IC、ADC、MCU、DAC、通訊用IC、PMIC、SOC、CPU…

無人機

近年來，越來越多建設公司會在工地附近使用無人機，掌握周邊狀況。舉例來說，無人機搭載的各種感測器，可讀取圖像、聲音、力、加速度、溫度等資料。另外，無人機上也搭載了可以感知、識別的影像感測器與MEMS感測器，以瞭解機器的運作狀態。而為了控制機械手臂部分或無人機的飛行，無人機也會搭載MCU（單晶片）、DSP、連接網路用的網路傳輸協定處理IC，以及管理動力與操控器耗電的功率半導體。

由上述可知，半導體有許多應用領域，分別裝在不同的機器上。而這些半導體的應用，有助於提升人們生活的便利性、舒適度、安全性；減輕對地球環境的負荷、碳中和化，使系統高功能化、高性能化、高效率化；使機器或裝置小型化、輕量化、高可靠度化、低成本化等等。這些應用的發展，都取決於半導體本身的發展，以至於半導體製造設備的發展。

圖5-4-3　無人機所使用的IC

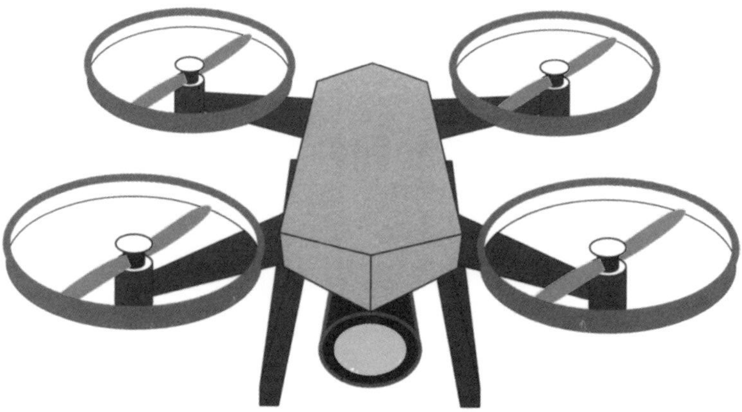

Section 05

不管是多複雜的邏輯，都是基本邏輯的組合——布林代數

從本節開始，將介紹「半導體的運作原理、機制，以及各種功能」。半導體（IC）的功能大致上可分成「邏輯」與「記憶」，我們將說明這些功能的基本原理。

三種邏輯符號

「**邏輯**」是半導體用來執行各種功能（計算、演算、記憶等）的基礎。日常生活中，我們常聽到「請你說話有邏輯一點」之類的話。這裡的「邏輯」指的是「合理、無可質疑之處」的意思，甚至還有句話說「連神都無法違背邏輯」。

半導體（IC）內部處理的各種計算或演算，基本上是由名為**邏輯閘**的部分進行。構成邏輯電路基礎的基本邏輯，包括邏輯非（NOT）、邏輯或（OR）、邏輯且（AND）等。不論是多複雜的邏輯，都可以由這些基本邏輯的組合實現。

這些基本邏輯可分別表示成運算符號（$\overline{\ \ }$）、（+）、（・），用以描述對命題A、B、……的處理，其意義如下。

邏輯非（NOT）　$\overline{A}$……「非A，A的相反」
邏輯或（OR）　A+B……「A或B」
邏輯且（AND）　A・B……「A且B」

我們可以用「文氏圖」（Venn diagram）來描述這三種基本邏輯（次頁圖5-5-1）。

圖5-5-1　邏輯非、邏輯或、邏輯且的文氏圖

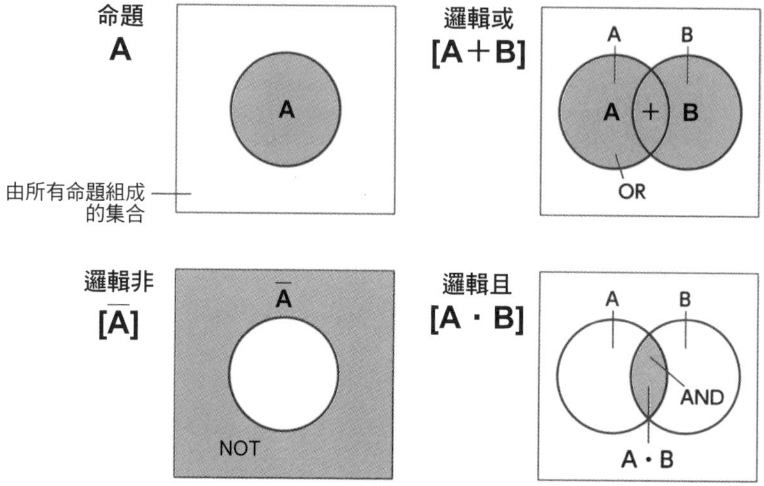

所有邏輯都能用「1、0」表示

半導體邏輯電路的運算，是以十九世紀英國數學家喬治・布爾（George Boole）創立的「布林代數」為基礎。邏輯學中常描述一個命題的真值為「真」或「假」，布林代數中則用符號「1」或「0」來表示真值。實際半導體（IC）的電路中，會使用不同電壓，對應布林代數的真值「1」或「0」。

舉例來說，「1」可對應到電源電壓（Vod），譬如Vod＝3V；「0」可對應到接地（GND），譬如GND＝0V。

那麼從下一節開始，就讓我們看看可進行基本邏輯運算的半導體電路，實際上長什麼樣子吧。以下將試著說明4-3中提過的N通道MOS電晶體，以及P通道MOS電晶體的電路結構。

Section 06

NOT閘(反相器)的功能與運作

NOT閘是什麼？

NOT閘可將輸入訊號X的真值「1」與「0」，分別轉換成相反的真值「1」與「0」，輸出成訊號Y。進入具體的說明之前，先讓我們確認一些基本事項。

首先，N通道MOS電晶體與P通道MOS電晶體的電路符號如圖5-6-1所示。這兩種電晶體分別有四個端子（圖中小小的○，包括源極S、汲極D、閘極G、基板SUB）。基板端子與一個箭頭相連（←或→），並以箭頭方向區分以下兩者。

N通道（←）

P通道（→）

施加在這四個端子的電壓，分別為源極Vs、汲極Vd、

圖5-6-1　電晶體的電路符號

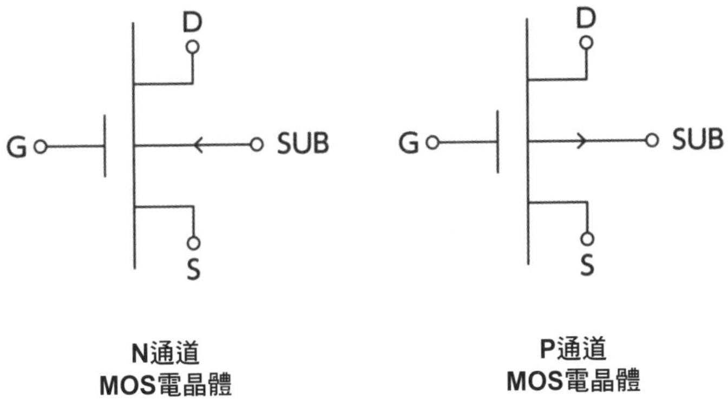

閘極Vg、基板電壓Vsub。

讓我們考慮以下情況，使N通道MOS電晶體的源極與基板接地（Vs＝Vsub＝0V），汲極施加3V電壓（Vd＝3V），閘極G則施加3V電壓（Vg＝3V）或0V電壓（Vg＝0V）（圖5-6-2）。如果Vg＝3V，會變成該圖的（B），N通道MOS電晶體成為「ON」（通路）狀態，源極與汲極間為通路。

另一方面，如果Vg＝0V，就會變成該圖的（C），N通道MOS電晶體成為「OFF」（斷路）狀態，源極與汲極間為斷路。

接著考慮以下情況，對P通道MOS電晶體的源極與基板施加3V電壓（Vd＝Vsub＝3V），閘極G施加3V電壓（Vg＝3V）或0V電壓（Vg＝0V）（圖5-6-3）。

此時的基板也施加了3V，不過考慮端子間的電壓差（電位差）時要特別注意，MOS電晶體運作時，關鍵並不在端子電壓的絕對值，而是在端子間的電壓差。

舉例來說，假設某情況下導線一端為0V，另一端為3V；另一情況下導線一端為2V，另一端為5V。這兩種情況的電流完全相同。也就是說，我們

圖5-6-2　N通道MOS電晶體的運作（A～C）

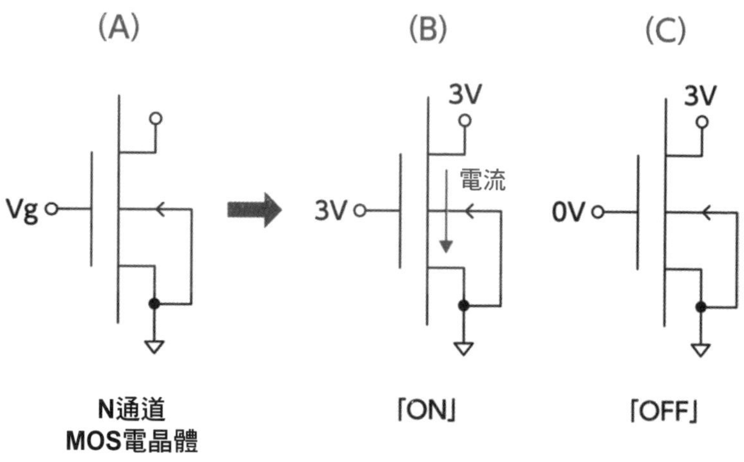

圖5-6-3　P通道MOS電晶體的運作（D～F'）

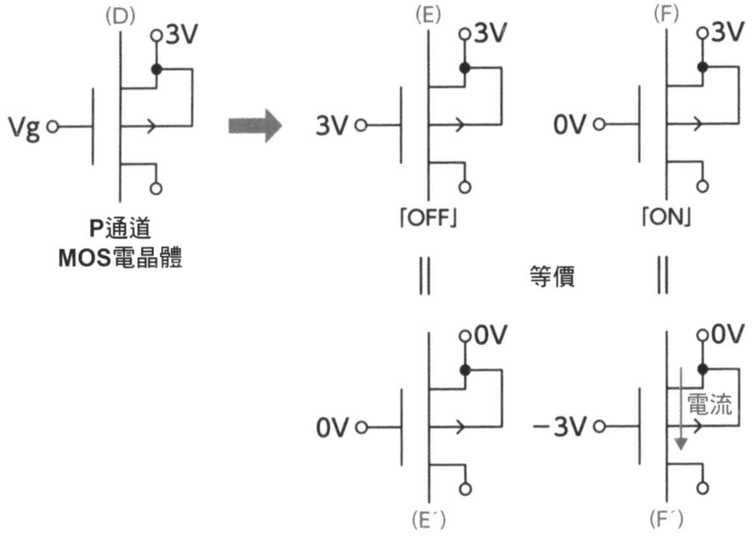

只考慮兩端的電壓差（3V=5V−2V）。

依照這個概念，我們可以將圖5-6-3的（E）與（F）端子電壓分別改寫成等價的圖（E'）與（F'）。圖（E'）中，Vg=0V，故P通道MOS電晶體為OFF，源極與汲極之間為斷路。另一方面，圖（F'）中，Vg=-3V，故P通道MOS電晶體為ON，源極與汲極之間為通路。

NOT閘（反相器）的建構方法

瞭解上述內容後，讓我們來看看NOT閘的建構方式。NOT閘或反相器（inverter）可用次頁圖5-6-4的電路實現。

也就是說，串聯N通道MOS電晶體與P通道MOS電晶體，設兩晶體的接觸點為輸出Y，連接兩電晶體的閘極，並設為輸出X。這個由N通道與P通道MOS電晶體組合而成的電路，稱做CMOS（Complementary MOS，互補型MOS），而圖5-6-4的電路便稱做**CMOS反相器**。

若對這個電路的輸入X施加3V電壓，便相當於前文的圖5-6-2（B）與圖5-6-3（E）之組合，

圖5-6-4　NOT閘（CMOS反相器）

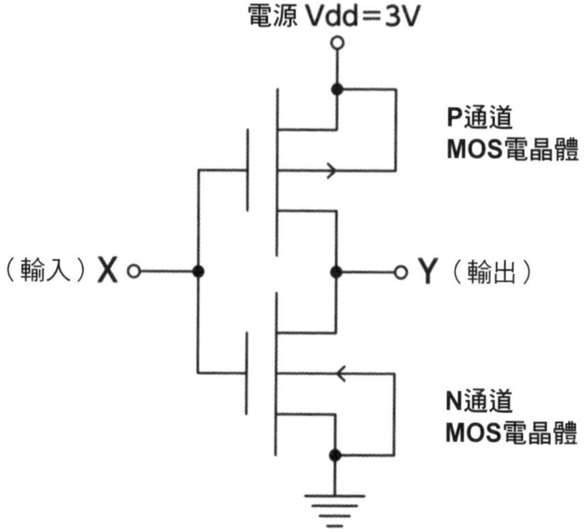

圖5-6-5　NOT閘的真值表

X	Y
1	0
0	1

圖5-6-6　NOT閘的符號

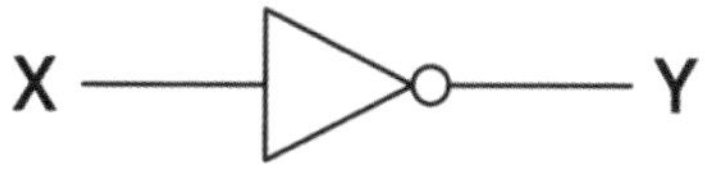

N通道MOS電晶體為ON，P通道MOS電晶體為OFF，所以輸出Y與GND同為0V。

另一方面，如果輸入X施加電壓為0V，便相當於前文的圖5-6-2（C）與圖5-6-3（F）之組合，N通道MOS電晶體為OFF，P通道MOS電晶體為ON，所以輸出Y與電源Vdd同為3V。

這裡假設當輸入X與輸出Y的電壓為3V，邏輯值為「1」；電壓為0V時，邏輯值為「0」，那麼X與Y的關係便如圖5-6-5所示。這個表也叫做**真值表**。另外，NOT閘（反相器）的電路符號則如圖5-6-6。

NOT閘（反相器）為建構電路的基礎

這裡提到的NOT閘（反相器）可以說是構成各種電路的最基本元素。換言之，由N通道MOS電晶體與P通道MOS電晶體組合而成的CMOS反相器，就是接下來要說明的各種邏輯電路之基礎。

不過，可能有些人曾經學過「N通道MOS電晶體在汲極或閘極施加正電壓時會產生動作；P通道MOS電晶體在汲極或閘極施加負電壓時會產生動作」。

這可能會讓你有些疑問。因為CMOS電路會在電源為正電壓（Vdd＞0V）時動作，卻不會使用負電壓。這是因為在操作電晶體時，做為電壓基準的是基板的電位（Vsub），其他端子（源極、汲極、閘極）的電壓（Vs、Vd、Vg）皆是以基板電位為基準的相對數值。

因此，就像前面說明CMOS反相器動作時一樣，N通道MOS電晶體的基板會接地，而P通道MOS電晶體的基板則與源極一起連接電源（Vdd）。請特別注意這點。

為了實現這種結構，相當於「P通道MOS電晶體基板」的區域，與N通道MOS電晶體基板並不是同一種類型（P型或N型）的半導體。而是要先將原本的基板設計成P型區域，然後在這個區域內劃出一塊N型區域（稱做N型井），建構另一個P通道MOS電晶體。

Section 07

OR閘與NOR閘的功能與運作

OR閘是什麼？

OR閘有兩個輸入X_1、X_2，輸出Y可以寫成$Y=X_1+X_2$，為一種基本邏輯閘。它的邏輯可寫成圖5-7-1的真值表。可以看出，只有當$X_1=X_2=0$，$Y=0$；當X_1與X_2是其他組合，$Y=1$。圖5-7-1也列出了邏輯式與電路符號。

NOR閘是什麼？

NOR閘是另一種與OR閘有關的邏輯閘（圖5-7-2）。NOR閘是否定邏輯的一種，設兩個輸入可寫成X_1、X_2，那麼輸出Y可以寫成$Y=\overline{X_1+X_2}$。

換言之，$Y=NOT(X_1+X_2)=NOT(OR)$，簡稱NOR，為OR閘的否定結果。圖5-7-2為NOR

圖5-7-1　OR閘的「真值表、邏輯式、邏輯符號」

OR閘邏輯　真值表

X_1	X_2	Y
0	0	0
1	0	1
0	1	1
1	1	1

邏輯式

$$Y=X_1+X_2$$

電路符號

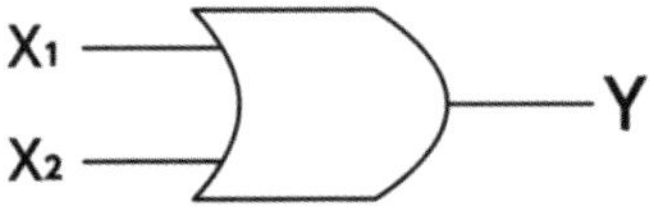

圖5-7-2　NOR閘的「真值表、邏輯式、邏輯符號」

NOR閘邏輯

真值表

X_1	X_2	Y
0	0	1
1	0	0
0	1	0
1	1	0

邏輯式

$$Y=\overline{X_1+X_2}$$

電路符號

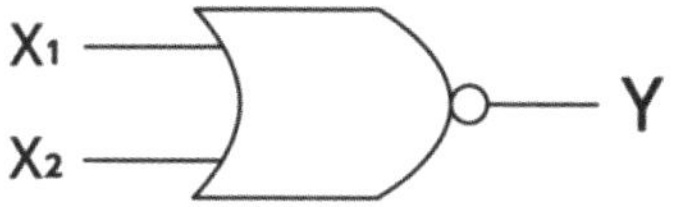

閘的真值表、邏輯式、電路符號。

一般半導體（IC）的電路設計中，會優先使用**NOR閘**而非OR閘。這是因為NOT閘（反相器）為電路中最基本的元素，NOR閘需要的電晶體數比OR閘還要少。所以實際設計電路時，不應想成NOR=NOT（OR），應該要想成OR=NOT（NOR）。

NOR閘的建構方法

有了以上概念，讓我們由圖5-7-3看看NOR電路的建構方式。這個電路中，由Q1與Q2兩個N通道MOS電晶體，以及Q3與Q4兩個P通道電晶體構成。輸入X_1連接Q1與Q4的閘極，輸入X_2連接Q2與Q3的閘極，輸出Y則連接Q1及Q2的汲極，並與Q3汲極（Q3與Q4為串聯）相連。

簡單說明這個電路。只有當Q3與Q4兩電晶體為ON，即X_1與X_2兩輸入為「0」時，Q1與Q2兩電晶體為OFF，輸出Y會透過串聯的Q3與Q4獲得3V，即輸出「1」。其他輸入組合下，Q1與Q2電晶體至少有一為ON，Q3與Q4電晶體至少有一為OFF，故輸出Y與GND相連，為0V，即輸出

圖5-7-3　NOR電路的建構範例

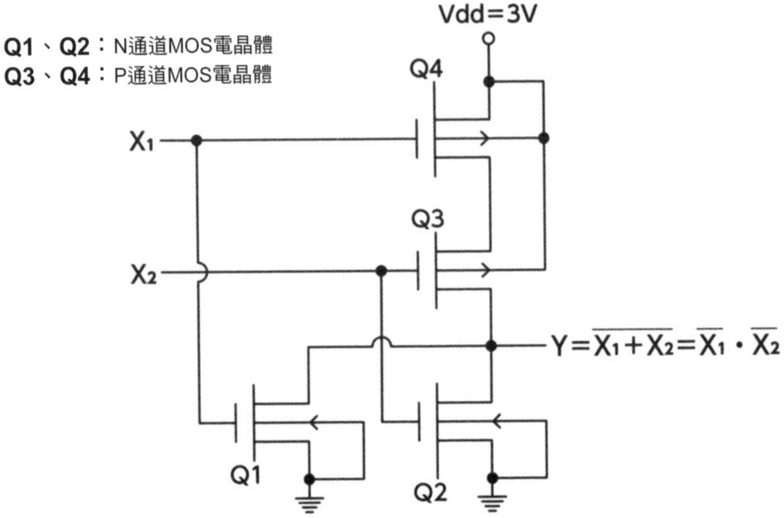

圖5-7-4　NOR邏輯的文氏圖

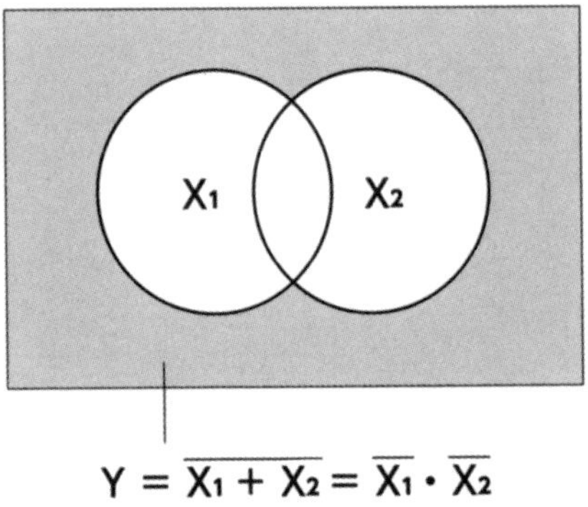

「0」。這樣的結果與NOR的真值表一致。

NOR邏輯的文氏圖如圖5-7-4所示。

Section 08

AND閘與NAND閘的功能與運作

AND閘是什麼？

AND閘為一種邏輯閘，有兩個輸入X_1、X_2，輸出Y可以寫成$Y=X_1 \cdot X_2$。這個邏輯可以寫成如圖5-8-1的真值表。

也就是說，只有$X_1=X_2=1$的時候，$Y=1$。其他的X_1、X_2組合下，$Y=0$。圖5-8-1列出了AND閘的真值表、邏輯式、電路符號。

NAND閘是什麼？

NAND閘為否定AND閘的邏輯閘。NAND閘為$Y=\overline{X_1 \cdot X_2}$＝NOT（$X_1 \cdot X_2$）＝NOT（AND），為否定AND的結果。

次頁圖5-8-2列出了NAND閘的真值表、邏輯

圖5-8-1　AND閘的「真值表、邏輯式、電路符號」

AND閘

真值表

X_1	X_2	Y
0	0	0
1	0	0
0	1	0
1	1	1

邏輯式

$$Y=X_1 \cdot X_2$$

電路符號

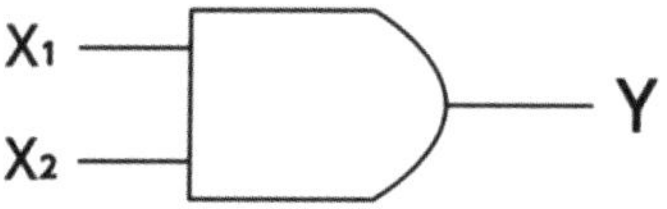

圖5-8-2　NAND閘的「真值表、邏輯式、電路符號」

NAND閘

真值表

X_1	X_2	Y
0	0	1
1	0	1
0	1	1
1	1	0

邏輯式

$$Y=\overline{X_1 \cdot X_2}$$

電路符號

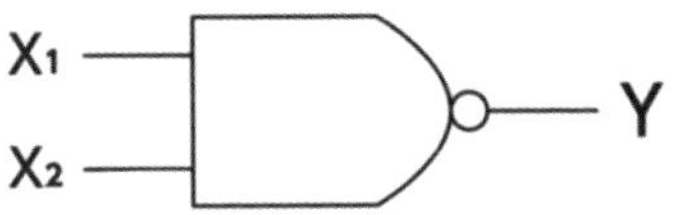

式、電路符號。

NAND快閃記憶體常用於資料儲存，想必許多人應該也聽過這個名字。NAND快閃記憶體正是由本節說明的NAND閘構成。

用CMOS建構**NAND**閘的方法如圖5-8-3。這個電路由N通道MOS電晶體Q1與Q2，以及P通道MOS電晶體Q3與Q4構成。輸入X_1連接Q1與Q3的閘極，X_2連接Q2與Q4的閘極，輸出Y則連接Q2的汲極（Q1與Q2為串聯），並與Q3與Q4的汲極相連。

簡單說明這個電路。只有當Q1與Q2兩電晶體為ON、Q3與Q4兩個電晶體為OFF，即X_1與X_2兩輸入皆為「1」時，輸出Y會透過串聯的Q1與Q2接地，即輸出「0」。其他輸入組合下，Q1與Q2電晶體至少有一為OFF，Q3與Q4電晶體至少有一為ON，故輸出Y與3V相連，即輸出「1」。這樣的結果與NAND的真值表一致。

NAND閘的文氏圖如圖5-8-4所示。

圖5-8-3　NAND電路的建構範例

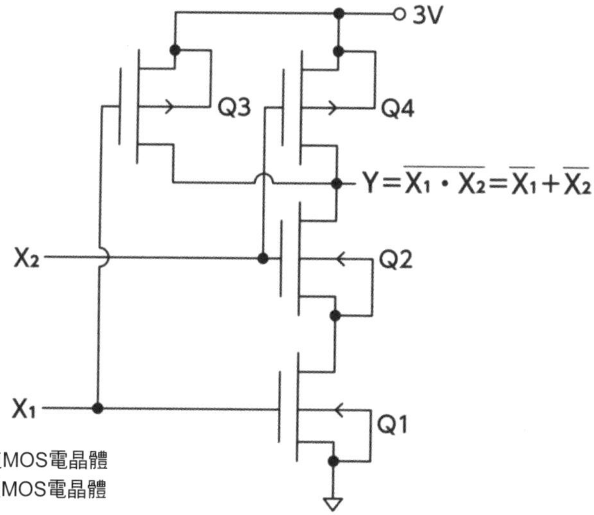

Q1、Q2：N通道MOS電晶體
Q3、Q4：P通道MOS電晶體

圖5-8-4　NAND邏輯的文氏圖

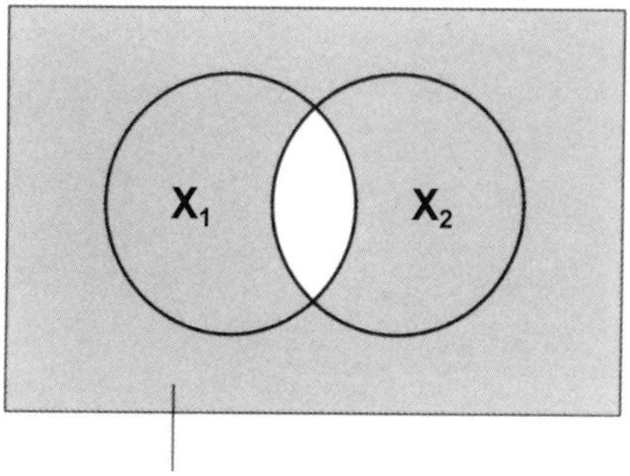

$Y = \overline{X_1 \cdot X_2} = \overline{X_1} + \overline{X_2}$

Section 09

比較器與符合電路的功能與運作

比較器

比較器是能夠比較多個輸入訊號的大小，並依照比較結果輸出不同數值的邏輯電路。這裡要說明的是最簡單的比較器，有兩個輸入A、B，輸出為X、Y、Z。圖5-9-1列出了這個比較器的真值表、邏輯式、邏輯符號等。

由真值表可以得知以下資訊。

❶當A＞B，即A＝「1」、B＝「0」時，X＝「1」，Y＝Z＝「0」。

❷當A＝B，即A＝B＝「1」或A＝B＝「0」時，Y＝「1」，X＝Z＝「0」。

❸當A＜B，即A＝「0」、B＝「1」時，Z＝「1」，X＝Y＝「0」。

圖5-9-1　比較器的「真值表、邏輯式、電路符號」

真值表

輸入		輸出		
A	B	X	Y	Z
0	0	0	1	0
0	1	0	0	1
1	0	1	0	0
1	1	0	1	0

邏輯式

2輸入…A, B
3輸出…X, Y, Z

$$X = A \cdot \overline{B}$$
$$Y = A \cdot B + \overline{A} \cdot \overline{B}$$
$$Z = \overline{A} \cdot B$$

邏輯符號

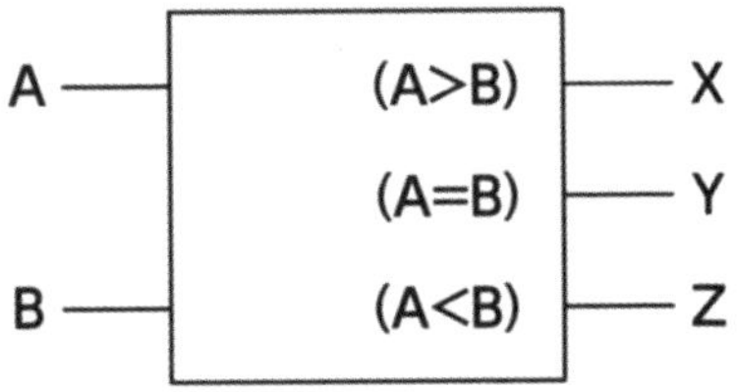

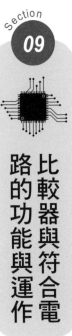

圖5-9-2　比較器的建構範例

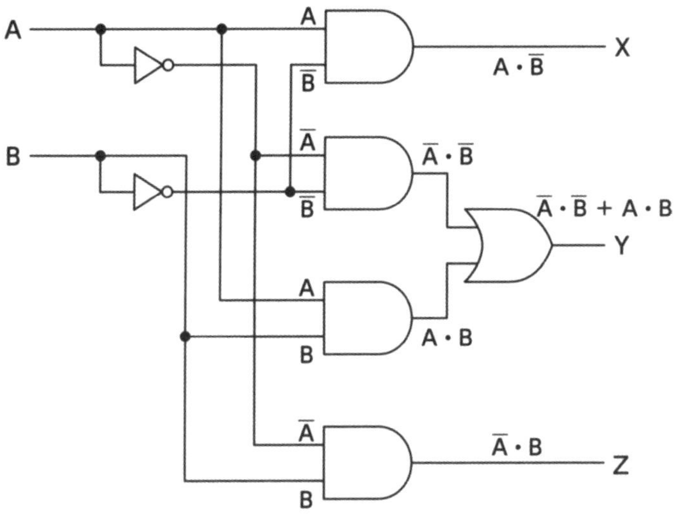

也就是說，我們可以從輸出X、Y、Z哪個是「1」，判斷A與B哪個比較大，或是兩者相等。圖5-9-2是用NOT閘、AND閘、OR閘建構出比較器的範例。圖中的主要節點列出了邏輯式，方便讀者看出這個比較器的運作原理。

符合電路

次頁圖5-9-3列出了**符合電路**的真值表、邏輯式、邏輯符號。

❶當A＝B，即A＝B＝「1」或「0」時，Y＝「1」

❷當A≠B，即A＝「1」且B＝「0」，或A＝「0」且B＝「1」時，Y＝「0」

也就是說，若Y＝「1」，就表示A與B一致；若Y＝「0」，就表示A與B不一致。

圖5-9-4是用NOT閘、OR閘、AND閘建構出符合電路的範例。

圖5-9-3　符合電路的「真值表、邏輯式、邏輯符號」

真值表

輸入		輸出
A	B	Y
0	0	1
0	1	0
1	0	0
1	1	1

邏輯式

2輸入…A, B
1輸出…Y

$$Y = A \cdot B + \overline{A} \cdot \overline{B}$$

邏輯符號

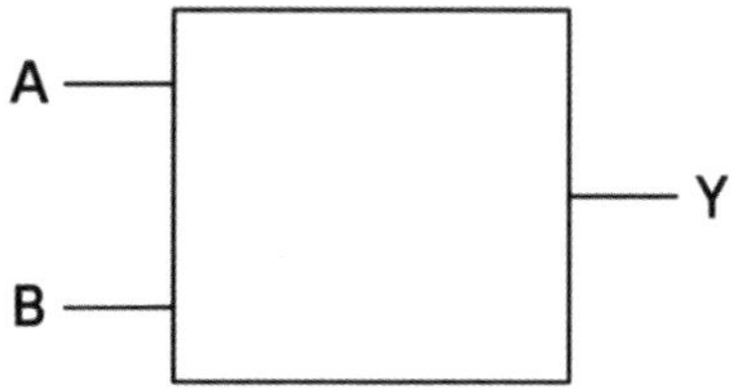

圖5-9-4　符合電路的建構範例

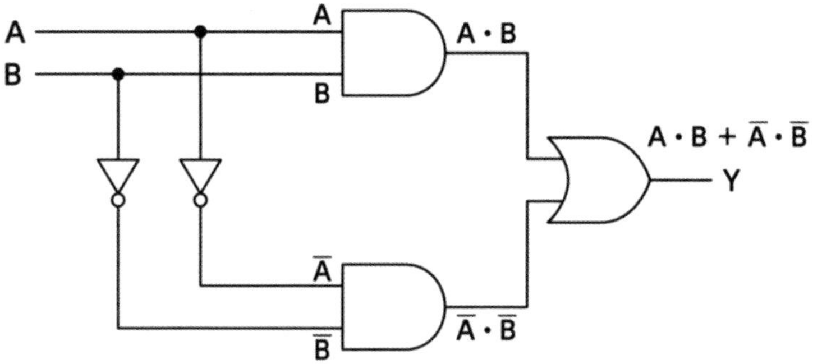

Section 10

加法器與減法器的功能與運作

加法器是什麼？

加法器（Adder）是有加法功能的電路。加法器可分成半加器與全加器兩種，這裡要介紹的是半加器的原理。要注意的是，前面提到的「1」與「0」都是邏輯值，而以下要說明的是2進位的數學運算。

半加器（HA: Half Adder）中，不考慮低位至高位的進位（C: Carry），只考慮單一位的加法結果。因此，半加器有兩個輸入A、B，輸出則是和S（Sum）與進位C（Carry）。2進位的運算規則如下：

0＋0＝0、0＋1＝1＋0＝1、1＋1＝0並進位1

可以知道

當A＝B＝0，S＝0，C＝0

當A＝0, B＝1或A＝1, B＝0時，S＝1, C＝0

當A＝B＝1，S＝0, C＝1

半加器的真值表、邏輯式、邏輯符號如次頁圖5-10-1所示。

實現半加器的電路建構方式有很多種，圖5-10-2是使用NOT閘與NAND閘建構而成的例子。從輸入A、B到輸出S與C的推導過程，可以從圖中各節點標註的邏輯式看出。

減法器是什麼？

減法器（Subtractor）是有減法功能的電路。減法器也可分成半減器HS（Half Subtractor）與全減器FS（Full Subtractor）兩種，這裡要說明的是半減

圖5-10-1　半加器的「真值表、邏輯式、邏輯符號」

真值表

輸入		輸出	
A	B	S	C
0	0	0	0
0	1	1	0
1	0	1	0
1	1	0	1

邏輯式

⊕表示互斥或（說明請參考圖5-10-3）

$S = A \oplus B = A \cdot \overline{B} + \overline{A} \cdot B$

$C = A \cdot B$

S：和（Sum）

C：進位（Carry）

邏輯符號

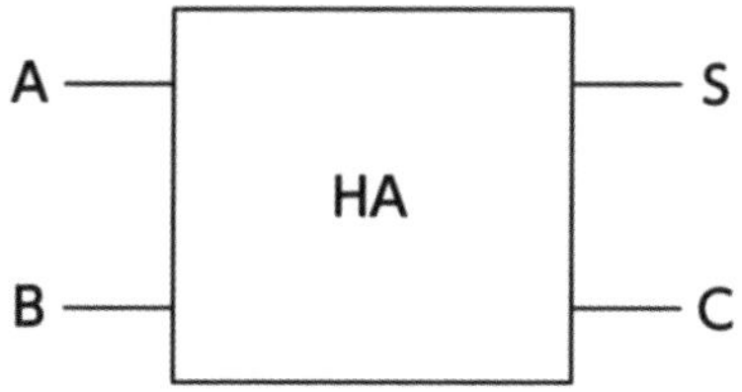

HA：半加器（Half Adder）

圖5-10-2　半加器的建構範例

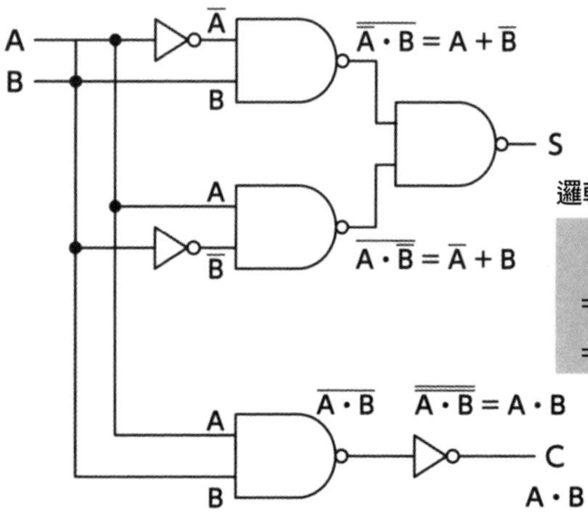

邏輯式

$\overline{(A+\overline{B}) \cdot (\overline{A}+B)}$

$= \overline{(A+\overline{B})} + \overline{(\overline{A}+B)}$

$= \overline{A} \cdot B + A \cdot \overline{B}$

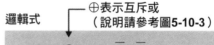

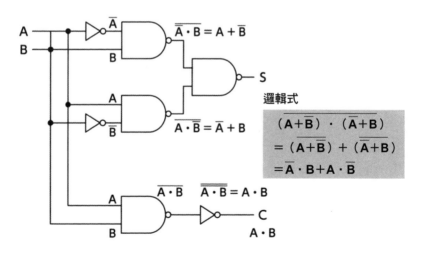

圖5-10-3　邏輯互斥或的文氏圖

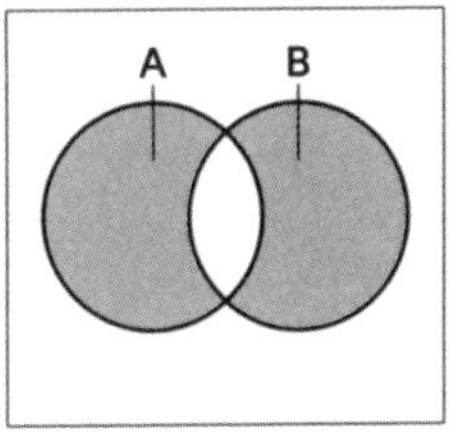

$$A \oplus B = A \cdot B + \overline{A} \cdot \overline{B}$$

圖中的邏輯式有用到笛摩根定律（de Morgan's laws），即$\overline{(A+B)} = \overline{A} \cdot \overline{B}$，以及$\overline{(A \cdot B)} = \overline{A} + \overline{B}$。也就是說，先取邏輯或再取否定的結果，等於先取否定再取邏輯且的結果；先取邏輯且再取否定的結果，等於先取否定再取邏輯或的結果。

圖5-10-1的邏輯式$S = A \oplus B = A \cdot \overline{B} + \overline{A} \cdot B$中，符號（⊕）稱做互斥或（XOR：Exclusive OR），意義可參考上方的文氏圖（不是＋，而是外面有圓圈的⊕）。

器的原理。

半減器有兩個輸入X、Y，X為被減數，Y為減數，可計算出X－Y的差D（Difference）並輸出，另一個輸出為借位B（Borrow）。輸入為1或0兩種數值，而2進位的運算規則如下：

0－0=0、0－1=1並借1、1－0=1、1－1=0

可以知道

當X=Y=0，D=0，B=0

當X=0，Y=1，D=1，B=1

當X=1，Y=0，D=1，B=0

當X=Y=1，D=0，B=0

半減器的真值表、邏輯式、邏輯符號如次頁圖5-10-4。

圖5-10-5是使用NOT閘、OR閘、AND閘建構半減器的例子，由各節點的邏輯式，應該可以看出這個電路能實現圖5-10-4列出的邏輯式。

十九世紀初，同為英國數學家與哲學家的阿佛列．諾斯．懷海德，以及伯特蘭．羅素合著的《數學原理》（*Principia Mathematica*）中提到，「不管是多複雜的邏輯，都可以用NOT閘與OR閘，或是NOT閘與AND閘的組合來實現」。

圖5-10-4　半減器的「真值表、邏輯式、邏輯符號」

真值表

輸入		輸出	
X	Y	D	B
0	0	0	0
0	1	1	1
1	0	1	0
1	1	0	0

邏輯式

$D = X \oplus Y = X \cdot \overline{Y} + \overline{X} \cdot Y$

$B = \overline{X} \cdot Y$

D：差（Difference）

B：借位（Borrow）

邏輯符號

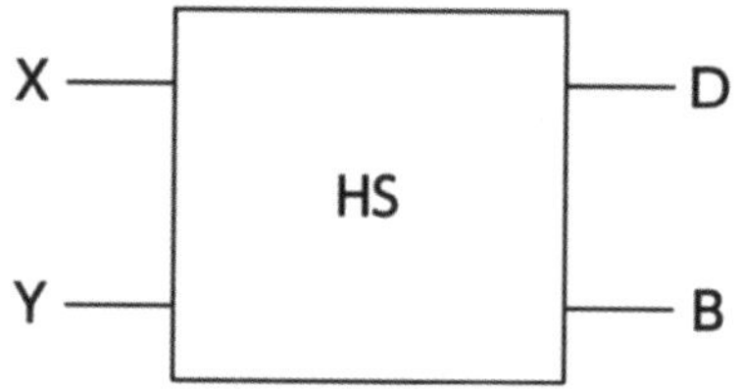

HS：半減器（Half Substractor）

圖5-10-5　以NOT、OR、AND建構半減器電路的範例

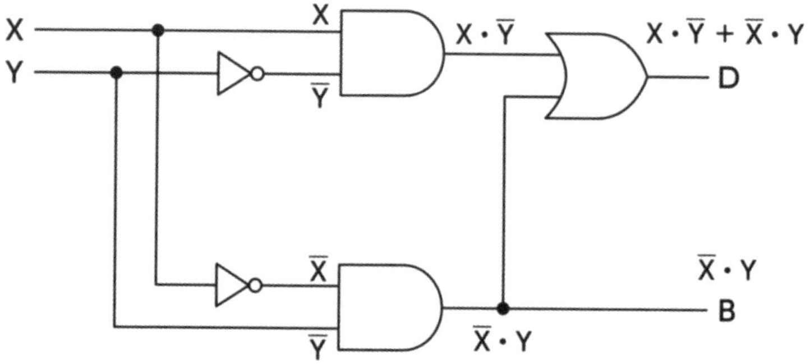

以上我們說明了邏輯運算中基本邏輯的初步應用，這些基本邏輯經排列組合後，便可得到前面提過的各種電子機械內，進行複雜運算的半導體（IC）。想到這點，除了覺得驚奇之外，是不是也讓人覺得有些感動呢？最先進的智慧型手機中，一個晶片內有包含了超過數十億個這樣的電晶體元件。

全加器與全減器

以上我們詳細說明了半加器與半減器。圖5-10-5的真值表中，列出了全加器中，進位到高位的輸出C^+（Carry）；以及全減器中，從高位借位的輸出B^+（Borrow）。

圖5-10-5　全加器與全減器的真值表

全加器				
輸入		借位	輸出	
A	B	C	S	C^+
0	0	0	0	0
0	0	1	1	0
0	1	0	1	0
0	1	1	0	1
1	0	0	1	0
1	0	1	0	1
1	1	0	0	1
1	1	1	1	1

包含從低位到高位的C^+（進位）

全減器				
輸入			輸出	
X	Y	B^-	D	B^+
0	0	0	0	0
0	0	1	1	1
0	1	0	1	1
0	1	1	0	1
1	0	0	1	0
1	0	1	0	0
1	1	0	0	0
1	1	1	1	1

包含從高位借來的B^+（借位）

Section 11

DRAM記憶體的功能與運作

儲存單元為「交點」

DRAM內可以記憶「1」或「0」兩種數值的記憶部分，稱做儲存單元（memory cell）區。儲存單元區內由字元線（W，word line）與位元線（B，bit line或D，digital line）縱橫交錯呈格子狀，每個交點是一個儲存單元（記憶單位）。

一個儲存單元由一個N通道MOS電晶體（選擇電晶體）與一個電容構成（圖5-11-1）。選擇電晶體的閘極與字元線連接，汲極與位元線連接。與選擇電晶體串聯的電容，另一端則接地。

寫入儲存單元、讀取儲存單元

要將「1」寫入儲存單元時，須在提升字元線電壓的狀態下，提升位元線的電壓，使選擇電晶體呈通路狀態，為電容充電。要將「0」寫入儲存單元時，須在提升字元線電壓的狀態下，將位元線接地，選擇電晶體導通後，便會為電容放電（圖5-11-2寫入動作）。

讀取儲存單元內的「1」「0」等資訊時，須提升字元線電壓，使選擇電晶體呈通路狀態，再透過檢測電路（檢測放大器）檢測位元線是否流出電荷，以讀取出資訊。

若電容狀態為「0」，即未充電狀態，位元線的電位不會改變；若電容狀態為「1」，即充電狀態，電荷便會流入位元線，使電位改變（讀取動作）。

DRAM為破壞式讀取（讀取一次後，記憶的資訊會馬上消失），所以須要再度寫入。而且電容內儲存的電荷會自然地緩慢消失，故須週期性寫入以保持記憶。

圖5-11-1　DRAM的儲存單元結構

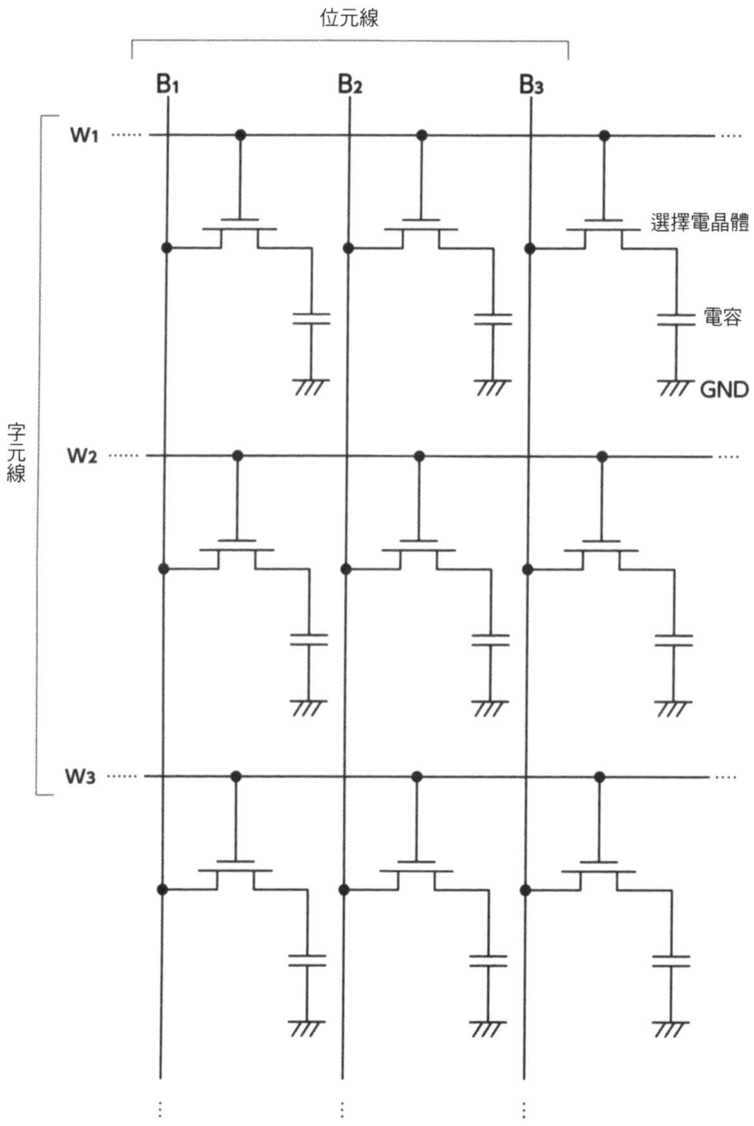

圖5-11-2　DRAM的「寫入」與「讀取」動作

寫入動作

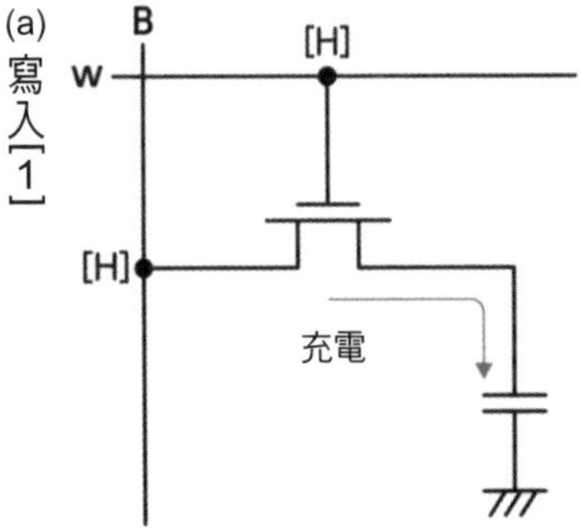

導通選擇電晶體，經位元線為電容充電，電容累積電荷後便相當於寫入「1」。若電容已寫入「1」，便無變化。

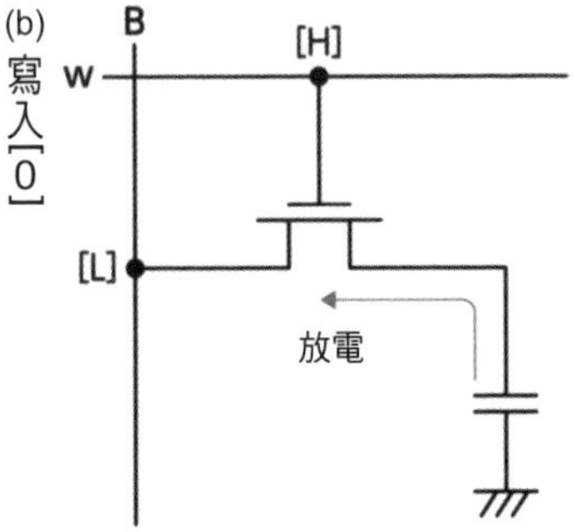

導通選擇電晶體，使電容經位元線釋放累積電荷，相當於寫入「0」。若電容已寫入「0」，便無變化。

讀取動作

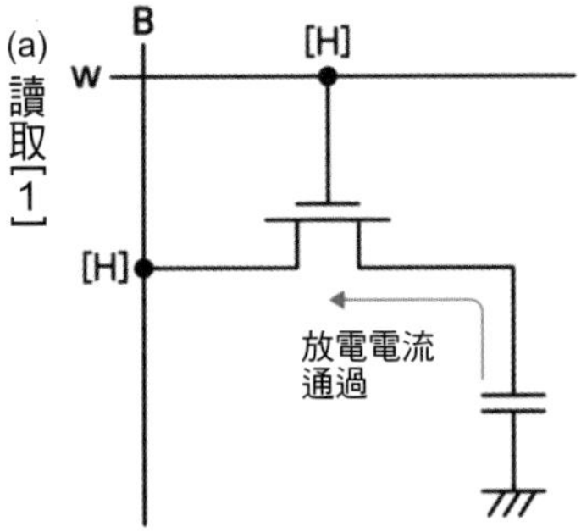

存有「1」的電容產生放電電流，經位元線流出，使位元線的電位瞬間上升。此時可透過檢測電路檢測，判別為「1」。

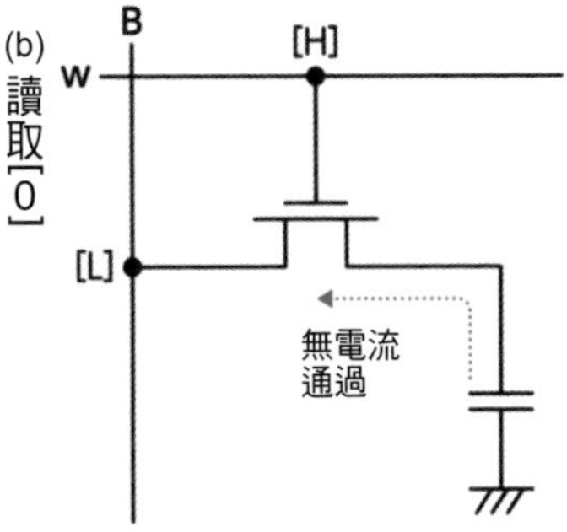

存有「0」的電容不會產生電流，位元線的電位不會改變，故會判別為「0」。

Section 12

SRAM記憶體的功能與運作

與DRAM類似，**SRAM**的儲存單元區內，儲存單元也是以矩陣狀排列。SRAM的儲存單元有數種排列方式，這裡要介紹的是用名為full CMOS的結構構成的SRAM（次頁圖5-12-1）。

由圖可以看出，一個儲存單元由線路交叉的一對CMOS反相器，以及讀寫資料用的兩個傳輸用N通道MOS電晶體構成，共六個電晶體。傳輸用電晶體的閘極連接字元線，源極連接位元線（這裡將一條位元線稱做D，另一條位元線稱做$\overline{D}$）。

寫入資料時，提升字元線的電壓為「H」（High，意為高電壓），使傳輸用電晶體閘極為ON，呈通路狀態。此時，若位元線D為「H」，另一位元線$\overline{D}$為「L」（Low，意為低電壓），故圖左側節點為「1」，右側節點為「0」。反過來說，如果位元線D與$\overline{D}$的電壓相反，那麼左側節點會是「0」，右側節點會是「1」。

寫入完成後，將字元線接地，只要保持中間四電晶體的電源電壓，就能一直保存「1」與「0」的資料。而在讀取資料時，須提升字元線的電壓，使傳輸用電晶體閘極為ON，將儲存單元記憶的狀態，也就是「1」與「0」的左右配置，經位元線「D」與「$\overline{D}$」送出，再經檢測放大器（檢測電路）檢測、放大訊號。

Full MOS型SRAM中，每個儲存單元需要六個電晶體，所以面積比DRAM或快閃記憶體還要大，難以高度集積化、難以降低成本。不過，SRAM的讀寫非常快速，故常用於與CPU直接相連的快取記憶體。

圖5-12-1　Full CMOS SRAM的結構與動作

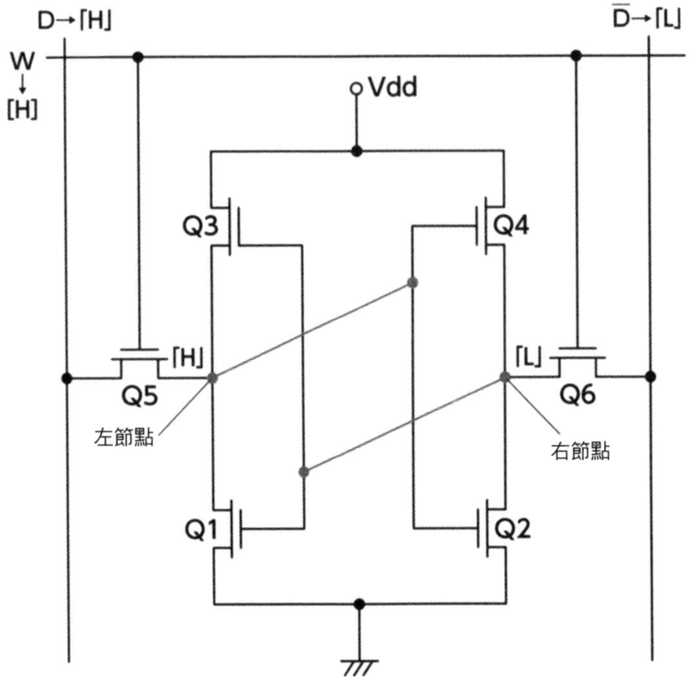

寫入

・使字元線W電壓為[H]，導通選擇電晶體Q5、Q6（ON），位元線D為[H]（D̄為[L]），於是Q1為OFF，Q3為ON。同時，Q2為ON，Q4為OFF，所以左節點為[H]，也就是[1]；右節點為[L]，也就是[0]。

・相對的，如果位元線D為[L]（D̄為[H]），那麼左節點會寫入[1]，右節點會寫入[0]。

讀取

・使字元線W電壓為[H]，導通選擇電晶體。然後透過檢測放大器檢測位元線電壓，可能是位元線D為[H]，D̄為[L]；或是D為[L]，D̄為[H]，以讀取儲存單元的記憶內容。

保存紀錄

・字元線W電壓為[L]時，選擇電晶體Q5、Q6處於非導通狀態（OFF）。此時只要維持中間的電源（Vdd），就能一直保持左右節點為[H, L]，也就是[1, 0]的狀態，也就是保持這個記憶。

Section 13

快閃記憶體的功能與運作
──切斷電源仍會留下記憶

即使切斷電源仍會留下記憶的快閃記憶體

DRAM與SRAM等記憶體在切斷電源後，記憶就會消失，屬於揮發性記憶體。相對於此，**快閃記憶體**（Flash Memory）便是代表性的非揮發性記憶體。

快閃記憶體的儲存單元電晶體為N通道MOS電晶體閘極絕緣膜內，由多晶矽（Poly-Si）構成的浮閘電極（FG: Floating Gate），以及包埋浮閘電極的結構。FG與其他區域在電性上絕緣。相當於MOS電晶體閘極的區域，則稱做控制閘極（CG: Control Gate）（次頁圖5-13-1）。

寫入、讀取的運作方式

第二一一頁圖5-13-2，說明了這種堆疊閘MOS電晶體的記憶電晶體如何進行寫入、讀取、消除資料等動作。

這裡說的堆疊閘（stacked gate）指的是「疊在一起的FG與CG」。

欲寫入「1」至這個記憶電晶體時，須將源極與基板接地，並對汲極與CG施加高電壓。此時，源極供應的電子便會沿著矽的表面區域（通道），朝著汲極快速移動，使汲極附近呈現高能量狀態。

這種電子稱做「**熱電子**」（HE: hot electron）。一部分的熱電子會穿越第一閘極絕緣膜，進入FG（注入熱電子），使FG帶負電。此時從CG的角度來看，導通電晶體（ON）需要的電壓（閾值電壓，Vth: threshold voltage）會上升。

圖5-13-1　快閃記憶體的記憶電晶體

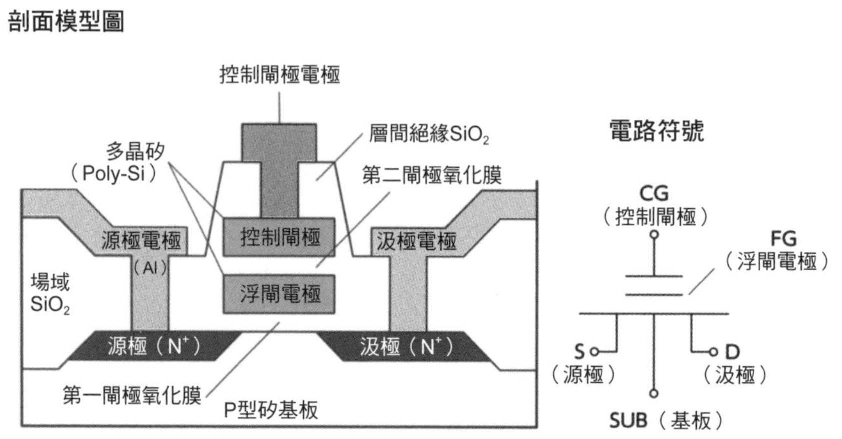

另一方面，欲消除資料時，須將基板與ＣＧ接地，使汲極處於斷路狀態，然後對源極施加高電壓。此時，因寫入資料而注入ＦＧ的電子，就會被第一閘極絕緣膜產生的電場影響，沿著源極的方向被拉出（通道現象），使閾值電壓恢復原始狀態。

讀取時，從ＣＧ施加一般電壓。此時，已寫入「１」的電晶體閾值電壓較高，故為ＯＦＦ；已寫入「０」的電晶體則反應正常，為ＯＮ，故可分別讀到「１」與「０」。

最近的快閃記憶體

以上為ＳＬＣ（單層儲存單元），也就是１個儲存單元可記憶一位元資訊的儲存方式。ＴＬＣ（三層儲存單元）這種新型快閃記憶體在一個儲存單元內可記憶三位元資訊，使記憶體能夠高度集積化。這種記憶體在寫入時，可控制對ＦＧ注入電子的強度，然後透過讀取到的差異，判斷儲存單元內的資訊。

另外，快閃記憶體的儲存單元陣列建構方式，可以分成記憶電晶體並聯的ＮＯＲ型，以及串聯的ＮＡＮＤ型。與ＮＯＲ型相比，ＮＡＮＤ型的運作較複雜，速度較慢，但集積度較高，故常做為儲存用記憶體，見於各種機器。

圖5-13-2　堆疊閘型MOS電晶體的寫入、讀取

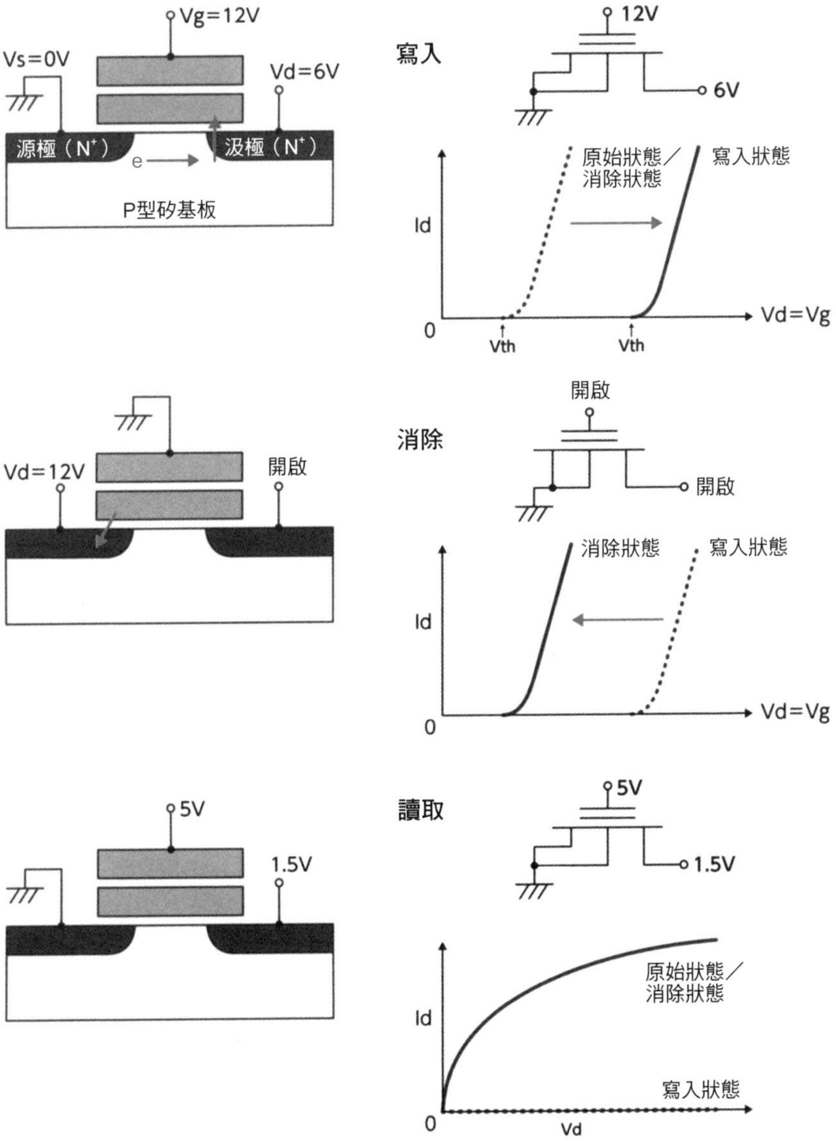

專欄

半導體新聞的解讀

世界最大、最強的晶片代工廠台積電在索尼、電裝，以及日本政府的支援下，於熊本建設20nm、28nm製程的半導體（LSI）晶片廠，在日本的主流媒體掀起一陣風潮。

不過放眼世界的半導體產業，還有比這更大、更劇烈的變革浪潮席捲而來，那就是美中對抗背景下的分離趨勢。而被視為最重要戰略物資之一的半導體，也在這波浪潮的核心。因此，我們必須謹慎解讀半導體的相關新聞。

舉例來說，2021年5月，IBM成功製造出使用2nm製程奈米片（nanosheet）技術（GAA MOS電晶體）的試作晶片，並宣稱要在2024的下半年量產。IBM目前並沒有量產半導體（LSI），其技術開發能力卻備受好評。

英特爾宣布要投資2兆日圓，在俄亥俄州新建晶片廠。另再投資2兆日圓，在現有亞利桑那州錢德勒晶片廠新建兩座工廠。英特爾希望能基於名為IDM 2.0的新商業模式，透過20 A製程的Ribbon FET（相當於2nm GAA）產線，經營先進半導體晶片代工業務。臺灣的台積電預計在亞利桑那州鳳凰城投資1.3兆日圓，建設5nm製程晶片廠。三星電子預計在德州投資2兆日圓，建設3nm製程晶片廠。這些晶片廠預計在2024下半年～2025年開始運作。美國政府將出資6兆日圓的補助金，協助建設這些晶片廠。

這麼看來，美國已將晶片廠視為美國國內半導體（LSI）產業的最後一片拼圖。這些政策是為了確保美國能在國內生產晶片，著手為未來的美中對抗做好準備。隨著中國實力的增加，「臺灣有事」風險的增加，美國希望能確保做為軍事與資訊戰爭核心之半導體的技術領先，以及穩定的供應鏈，所以正持續推動晶片的國內生產。

在這個半導體產業快速變革的時代中，日本該思考些什麼，該做些什麼，才能迎向有希望的未來呢？這是我們該思考的問題。

第六章

未來的半導體與
半導體產業的展望

Section 01

延續摩爾定律與超越摩爾定律

下一個「摩爾定律」

一九六五年，英特爾的共同創辦人，高登・摩爾提出了「**摩爾定律**」，認為每過十八～二十四個月，半導體（IC）的集積度（細微度）會變成兩倍。這個經驗法則所描述的集積化趨勢，一直維持了近六〇年，直至今日。

半導體（IC）技術遵循摩爾定律演進至今。目前最先進的五nm或三nm（nm=10^{-9}m，為十億分之一公尺）製程已有產品上市，接著二nm製程的產品也即將進入市場（圖6-1-1）。

所謂的「**延續摩爾定律**」（More Moore）認為，未來這種高集積化（細微化）的趨勢仍將持續，或者說我們仍應以此為目標。由於平面上的細微化在原理上、技術上、經濟上確實已接近極限，所以延續摩爾定律的一個方向就是要將元件堆疊起來，使其三維化，以求進一步的集積化。

另一方面，「**超越摩爾定律**」（More than Moore）則認為，當摩爾定律達到極限，我們應思考接下來的半導體（IC）「還能怎麼製作，還能做些什麼」。這個概念的核心在於複合化，也就是將矽半導體（IC）與化合物半導體或其他不同的材料結合、複合，打造出有新功能、高性能的新型半導體（IC）元件晶片。

向蚊子學習資訊處理

舉例來說，蚊子可以感知到人類體溫，停留在人

圖6-1-1　摩爾定律

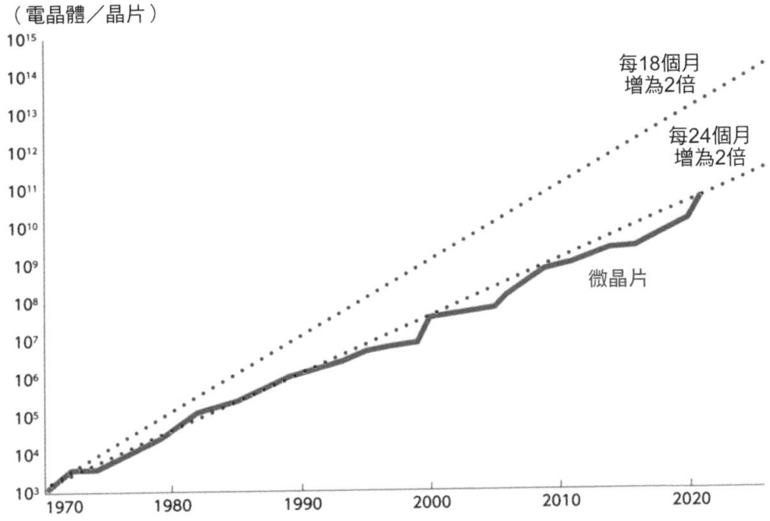

圖6-1-2　蚊子複雜卻迅速的行動

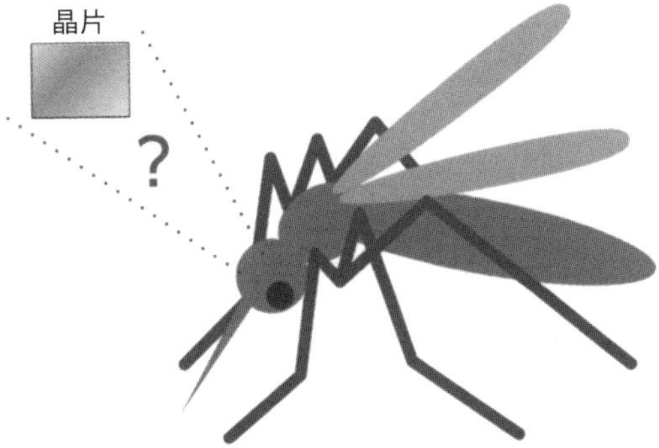

的皮膚上，插入口器後吸血。當人們發現蚊子準備要打下去，蚊子可以感覺到風壓並馬上飛走。蚊子這一連串的感知與資訊處理過程相當複雜，反應動作卻相當迅速，可以看出蚊子小小的腦有多驚人的資訊處理與行動能力。考慮到這點，不難想像半導體（IC）複合化後，應能辦到很多事情。

這裡說明的「延續摩爾定律」與「超越摩爾定律」的概念如圖6-1-3所示。位於中心的是矽半導體基板，周圍是記憶體、邏輯電路、MPU、GPU、ASIC、SOC、AD／DA轉換器等搭載了多種功能，運用多種細微化技術製造出來的多功能、高性能半導體（LSI），這是實現「延續摩爾定律」的發展方向，也包括了發展中的三維化等高集積化方法。

另一方面，在延續摩爾定律的晶片上，添加異質材料、功能，譬如感測器、換能器（transducer）、功率元件、混合訊號設計、光通訊、光電子元件、化合物半導體、氧化物半導體等，實現擁有新功能的LSI，就是「超越摩爾定律」的發展方向。

圖6-1-3　延續摩爾定律與超越摩爾定律的概念圖

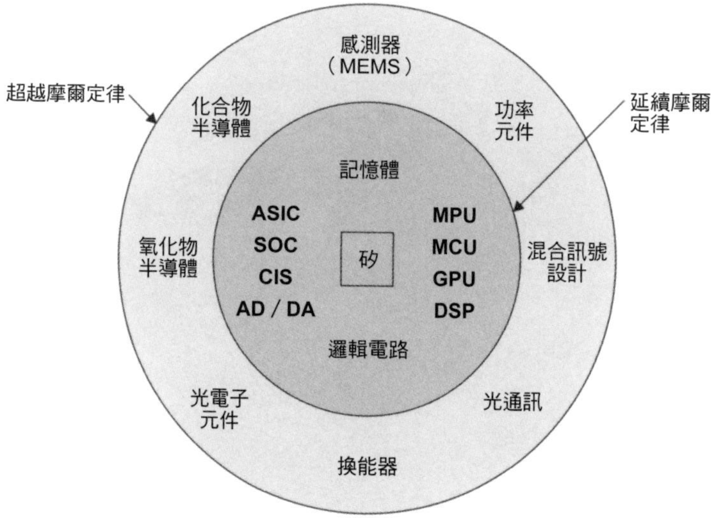

Section 02

新材料、新結構的電晶體

開發「更快、更便宜的新材料」

半導體，特別是處理高電壓、高電流的**功率半導體**領域中，過去的主流產品是矽類的IGBT（Insulated Gate Bipolar Transistor，絕緣閘雙極電晶體），不過近年來，化合物半導體SiC（碳化矽）與GaN（氮化鎵）商業化、普及化後，正取而代之。這些半導體材料稱做**寬能隙半導體**，相對於矽，寬能隙半導體有飽和漂移速度快、耐熱度高、耐熱度高、耐壓度高、耗損小、開關速度快，以及元件可小型化等優點。

新材料中，最受矚目的是氧化鎵（Ga_2O_3）這種氧化物半導體，與SiC及GaN一同被視為下個世代的材料而備受期待。氧化鎵的能隙比SiC及GaN大，性能更優異。不僅如此，在單晶基板材料方面，氧化鎵成長速度遠比SiC及GaN快，故可大幅降低價格。

另外，在MOS電晶體的新型材料方面，為了克服細微化造成的特性減弱，並提升性能，業界正在討論如何使用單層過渡金屬二硫屬化物（化學式為MX_2）半導體，產生原子層通道。此處MX的M，指的是鉬、鎢等過渡金屬；X指的是硫、硒、碲等第十六族氧族元素。

而在同時具有DRAM與快閃記憶體特性之泛用記憶體（萬能記憶體）方面，包括STT-MRAM（自旋轉移矩MRAM）使用的磁性材料、PCRAM（相變化記憶體）使用的硫屬化物玻璃、RRAM（電阻變化記憶體）使用的過渡金屬氧化物、OS記

圖6-2-1　MOS電晶體的結構變化

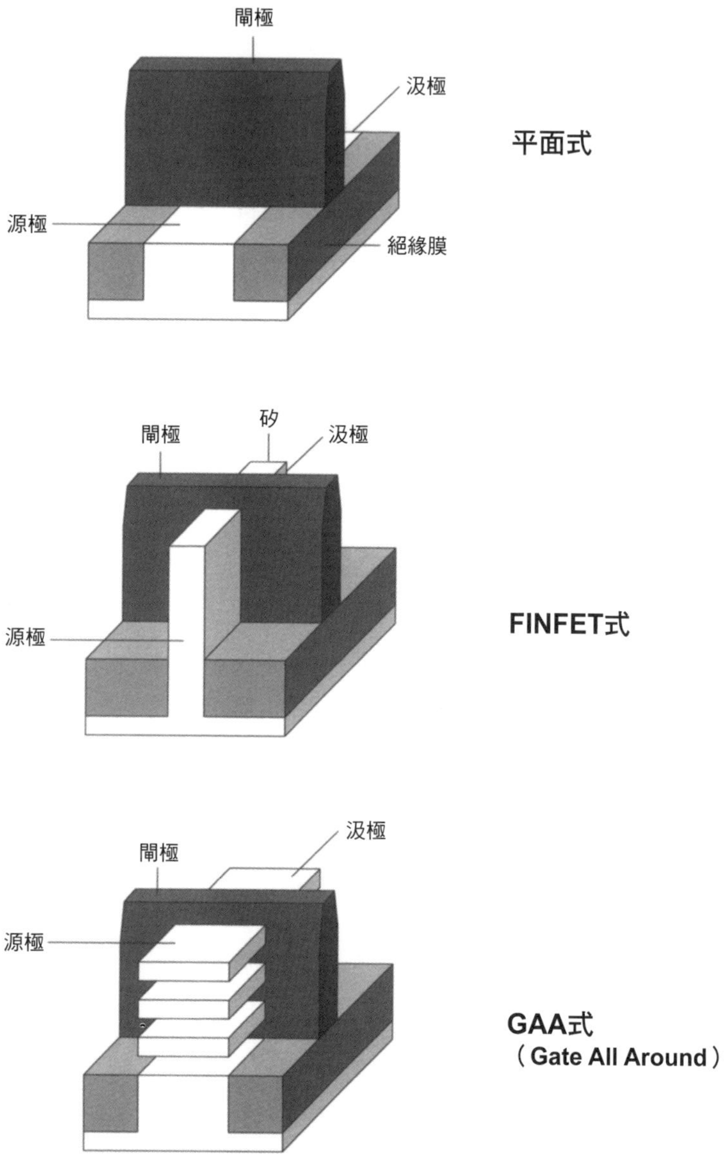

憶體使用的IZO、IGZO、IGZTO等氧化物半導體等材料，都在積極開發中，部分材料已用在商業產品上。

擁有新結構的GAA型電晶體

MOS電晶體的結構一開始是平面式，隨著技術的進步、電晶體的細微化，目前FINFET已為主流。而在未來二nm以後的技術節點，台積電與英特爾等尖端企業正積極開發GAA（Gate All Around）奈米片的堆疊結構，英特爾稱其為RibbonFET。相對的，三星電子早一步來到三nm節點，該公司採用的是名為MBCFET（Multi Bridge Channel FET）的GAA結構電晶體（圖6-2-1）。

另外，校際微電子中心（IMEC，以半導體處理器領域為中心，進行技術開發的聯合研究機構，總部位於比利時）曾提出擁有叉型片結構的MOS電晶體（N通道與P通道），認為這是用於一・四nm節點以後的究極邏輯電路用CMOS元件（圖6-2-2）。

圖6-2-2　叉型片的CMOS結構

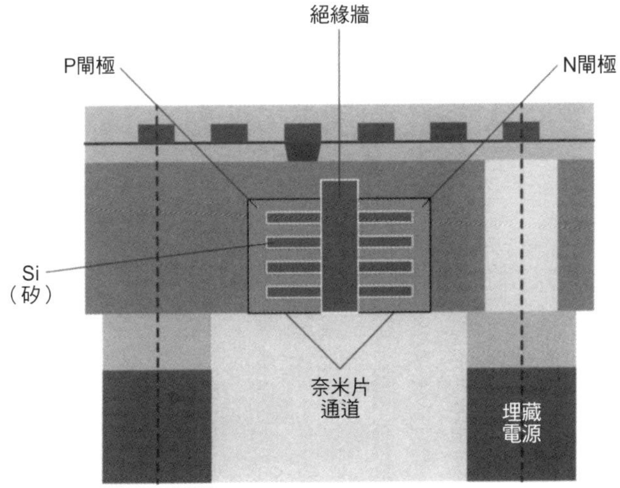

（IMEC資料）

Section 03

擁有右腦般功能的仿腦晶片

范紐曼瓶頸

前面提到的**范紐曼架構電腦**中，運算與記憶彼此分離，使兩者間的資訊交換難以高速化、高效率化，成為所謂的「范紐曼瓶頸」。為了克服這個問題，實現能夠匹敵人腦的AI（人工智慧）解決方案，須研究、開發出基於新型原理運作的AI晶片。這種晶片稱做「**仿腦晶片**」（neuromorphic chips），顧名思義，就是模仿神經元硬體結構的晶片。

順帶一提，一個拳頭大的人腦內，約有二〇〇〇億個神經細胞，與數百兆個突觸，同一個細胞內可同時保存記憶與處理運算。

目前提出的AI晶片雖然也是模仿大腦神經網路結構與功能開發出來的產品，但畢竟是在范紐曼架構的電腦上運行，故須要用軟體重現出神經網路結構。

相對的，仿腦晶片想要將運算部分與記憶部分合為一體，重現出硬體架構下的神經網路。

仿腦晶片為非范紐曼架構，缺少泛用性，無法進行邏輯運算。因此，有人認為我們可以讓左腦般的范紐曼架構晶片，與右腦般的非范紐曼架構晶片分工合作，彼此連接，實現整合式AI（圖6-3-1）。

以下讓我們來看看實際開發中的仿腦晶片吧。

IBM「TrueNorth」

這可說是仿腦晶片的先驅，由五十四億個電晶體、一百萬個神經元、二億五六〇〇萬個突觸構成，以二十八nm製程製作成四・三cm²的晶片（圖6-3-2）。

圖6-3-1　右腦式的仿腦晶片

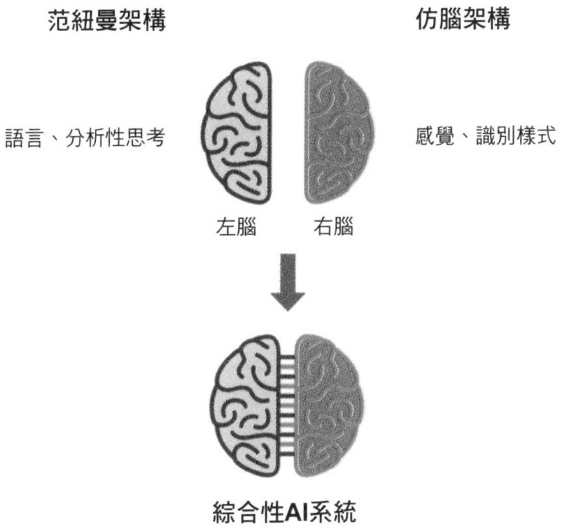

圖6-3-2　IBM的TrueNorth的內部結構

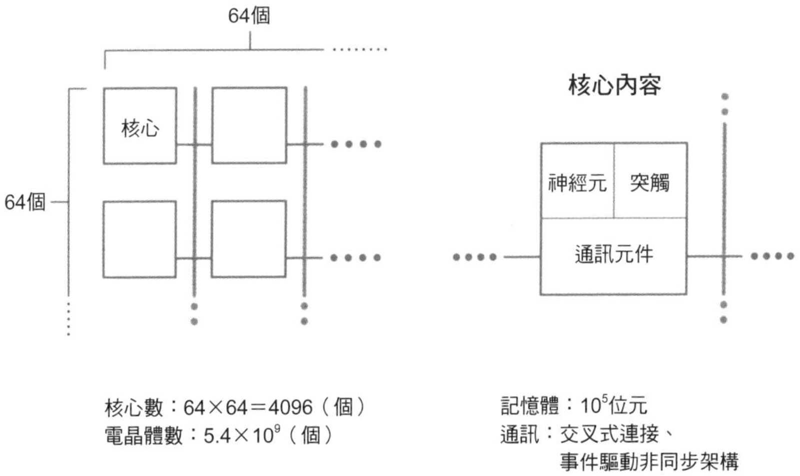

TrueNorth的規模與昆蟲的腦相當，不過一秒內可產生四十六億次的突觸動作，卻只需要七〇～二〇〇mW的電力。美國輝達的GPU需要數百W，谷歌的TPU需要四〇W，才能做到相同的表現。可以看出TrueNorth的耗電量相當低。

英特爾、台積電的AI晶片

英特爾的Loihi2為EUV處理器（四nm節點），晶片大小為三十一mm^2，共有二十三億個電晶體。每個晶片最多有六個處理器、最多一百萬個神經元，最多一・二億個突觸（圖6-3-3）。

台積電的Cerebras「WSE-2」為七nm製程，晶片面積達四六二六五mm^2，包含了二・六兆個電晶體，是專門用於深度學習的巨大晶片。搭載了八十五萬個運算核心、四〇GB的SRAM。

除此之外，歐洲的「Human Brain Project」以類比電路為基礎，開發了可在一片矽晶圓上搭載二〇萬個神經元、五〇〇〇萬個突觸的仿腦晶片。惠普與猶他大學使用憶阻器（memristor）開發出了「ISAAC」。另外BrainChip的「SNAP64」、高通的「Zeroth」、日本產總研的相關產品等，都在積極開發中。

圖6-3-3　英特爾「Loihi2」

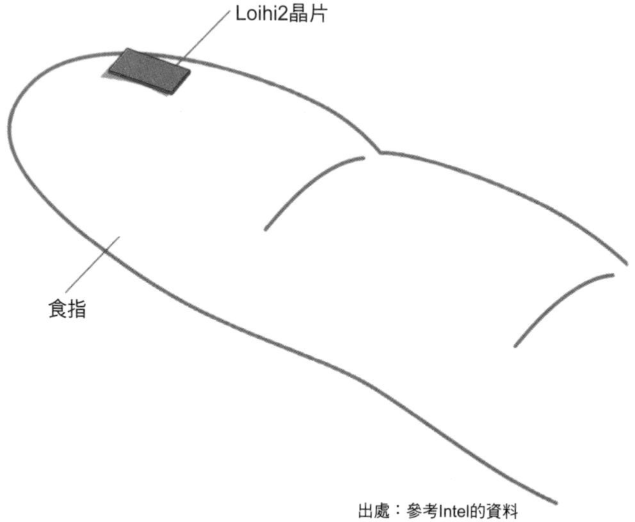

出處：參考Intel的資料

Section 04

融合了現實空間與元宇宙的半導體——網路的進化？

能超越宇宙嗎？

元宇宙（metaverse）是由意為「超越」的「meta」與意為「宇宙」的「universe」組合而成的字，意為在網路世界中建構出來的虛擬空間，以及虛擬空間中提供的各種服務。元宇宙可以說是網路進化後的型態。人們可以化身為虛擬人物，在元宇宙中與其他人交流，一起工作、遊玩，就像在現實世界中一樣（圖6-4-1）。

這個概念本身從一九六〇年代開始便已存在，近年則隨著各種相關技術的進步，使元宇宙逐漸成為現實。使用者須戴上頭戴式裝置、智慧眼鏡等裝置連上網路，即時雙向通訊、模擬出虛擬世界的樣子，所以需要更多能夠快速處理資訊的核心處理器、能快速傳輸大量資料的網路、高解析度顯示器等。

圖6-4-1　元宇宙的概念圖

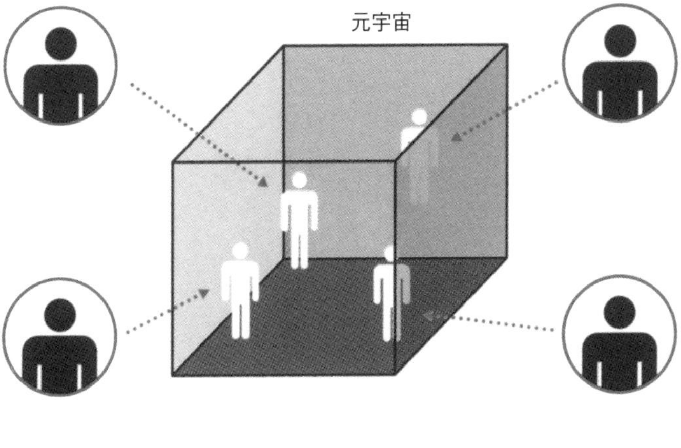

若要達成這些要求，需要更先進的半導體元件、5G或B5G（Beyond 5G）的通訊網、新型顯示技術等等。譬如性能更強的CPU、GPU、超高解析度的微型OLED等。

圖6-4-2為VR（虛擬實境）與AR（擴增實境）的示意插圖。

圖6-4-2　VR與AR的示意圖

VR（虛擬實境）

AR（擴增實境）

Section 05

3D化與矽光子

近年來，半導體的3D化逐漸受到矚目。雖然都叫做3D化，也有種類的差別。譬如堆疊多個晶片、以焊線接合方式連接，提升表面積的**多晶片封裝**（MCP，Multi Chip Package）等屬於半導體製程的「後製程」，這種3D化已廣為使用（圖6-5-1）。

三維結構的半導體

不過，這並不是本節要討論的3D化。本節想討論的是將半導體「前製程」中所使用的技術或製程，應用在後製程上的技術。也就是融合前製程與後製程，實現「三維結構半導體」的技術與方法。

圖6-5-1　多晶片封裝（MCP）

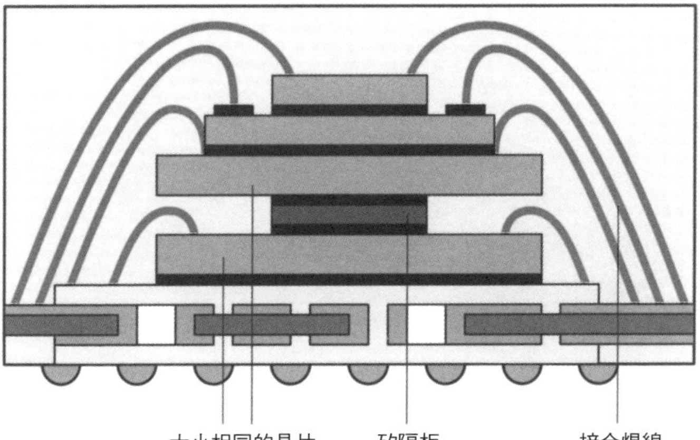

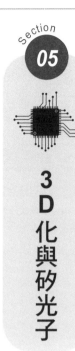

我們居住在三維世界，自然會想要把過去一直設計成二維樣式的半導體（ＩＣ）三維化，這並不是什麼驚人的想法。反過來說，３Ｄ化有「實現新功能、提升性能、提升可靠度、提升ＣＰ值」等優點，且相關技術的進步，使３Ｄ化逐漸成為可能。

所謂的相關技術，包括貫穿矽晶片的矽穿孔（TSV，Through Silicon Via）、微凸塊（micro bump）、細微圖樣的矽中介層等。

三維技術——同質整合

半導體（ＩＣ）的三維封裝技術有同質整合與異質整合兩種。

同質整合會將在矽基板上製成的半導體與同質半導體堆疊起來。舉例來說，ＮＡＮＤ快閃記憶體已實現超過二〇〇層的堆疊結構，英特爾有他們的３Ｄ堆疊技術Foveros（圖６-５-２），台積電的ＳｏＩＣ（Systems on Integrated Chips）堆疊技術則可在ＣＰＵ上方堆疊ＤＲＡＭ，提升集積度並抑制發熱，成功堆疊了十二層晶片（圖６-５-３）。

這些３Ｄ化過程比較接近延續摩爾定律的概念，

圖6-5-2　Foveros堆疊

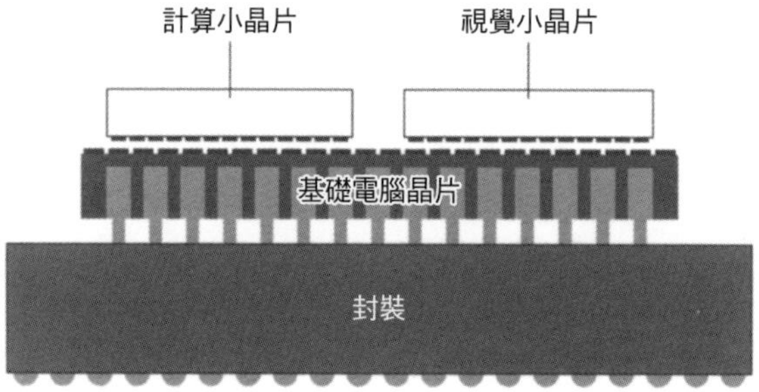

出處：英特爾資料

圖6-5-3　台積電的SoIC

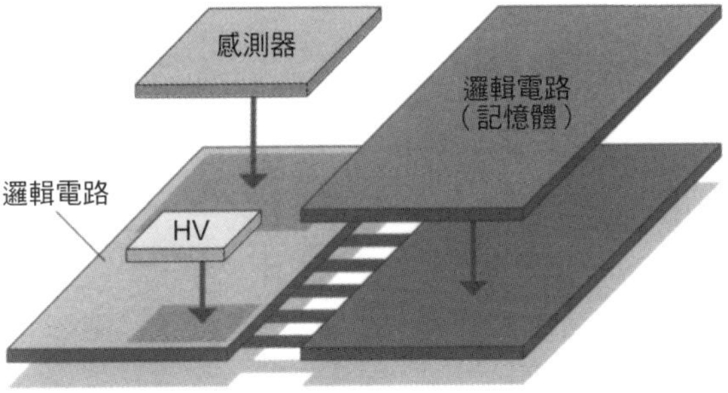

出處：台積電資料

目的是單位面積的集積化、高性能化、減少產熱。

三維技術——異質整合

另一方面，異質整合則是在矽基板製成的半導體上，堆疊由異質材料（譬如化合物半導體、氧化物半導體等）組成，擁有異質功能的元件，較接近超越摩爾定律的概念。

索尼在訊號處理IC上堆疊像素電晶體，再往上堆疊光電二極體，開發出堆疊型CMOS影像感測器。這可以說是介於同質整合與異質整合之間的整合方式。

另外還有一種3D化方式，叫做單石化（monolithic），是一種半導體前製程延伸的3D化方法。譬如在矽半導體上製作化合物半導體或氧化物半導體的膜，再以此製作擁有特殊性質的元件，整體形成一個複合元件。這種方式適合用於製作AR／VR用的頭戴式裝置或智慧眼鏡等，需要超高解析度顯示器的裝置。

除了3D化技術，矽光子也是下一代半導體的關鍵技術。同樣做為資訊媒介，光的速度比電子快上許多，這點應該不用多做說明吧。與傳統的金屬配線相比，矽光子技術可以減少訊號延遲，提升裝置的動作速度。

矽光子或許能應用在電子機器間、機器內、半導體晶片間、半導體內部配線上。為此，須持續推動融合了光技術與電子技術的光電子學（opto-electronics）技術的發展。包含光通訊在內，光的應用領域如圖6-5-4所示，會用到許多不同的元件。

這些元件與進化後的元件能與各種複雜的先進矽元件、小晶片等嶄新技術結合，以超越摩爾定律的精神，在新的應用領域中開發出新產品並商業化。

圖6-5-4　光應用元件與應用領域

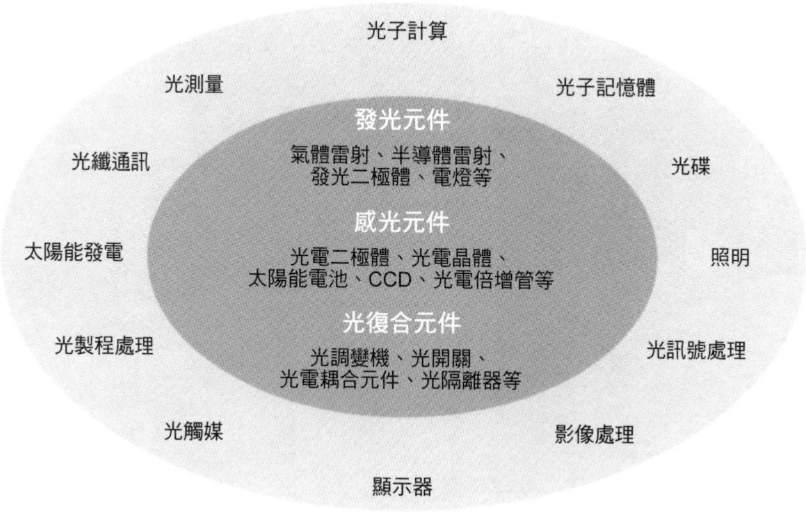

Section 06

展望日本半導體產業的未來

兩個第一印象

二〇二一年六月，日本政府（經濟產業省）發表了「半導體、數位產業戰略」。其中一項「半導體戰略（概略）」中提到，政府將與專家學者交換意見，建立半導體的基本概念，以及對未來的應對，以強化日本國內產業基礎，以及保障經濟安全，做為國際戰略的一環。

先不談內容，筆者對此的第一印象是「為時已晚」，但也有些「亡羊補牢，猶未晚也」的感覺。

如同我們在第一章中提到的，日本半導體廠商曾有「日之丸半導體」之名，在全球市場中有五〇%的市占率。但到了一九八〇年代末，市占率跌到了六%。這樣的演變讓我不禁有些感慨。日本政府心中還留著一九八六年日美半導體協定留下的陰影，所以會顧慮到美國政府的眼色，在半導體產業中無法做出大膽且大規模的支援策略（現在的經濟產業省）——。

在這段期間，臺灣、韓國、中國在政府的積極支援、保護下，在「半導體」領域中表現出優秀企業經營者的作為，發展到了現今的規模。包含政府在內的日本半導體相關產業，卻不能盡早做出大膽的決策，直到現在才開始行動，只讓人覺得「為時已晚」。

不過也有人認為，做任何事都不嫌晚，「能否開始行動才是關鍵」。希望這次的「半導體戰略」能在評估日本半導體產業的現狀後，察覺到危機意識、提出明確的未來展望，展現出對這個產業的熱情。

引入成熟技術的不安

這次的半導體戰略中，與製造有關的亮點是台積電在日本新建的工廠。台積電打算在熊本縣菊陽町建設二〇～二十八nm節點的半導體廠，每個月生產四～五萬片晶圓。總建設費約八千億日圓，日本政府會支援其中的一半約四千億日圓，索尼出資四七〇億日圓，剩下的三六〇〇億日圓則由台積電負責。當初公布會在二〇二二年四月開工，並於二〇二四年開始運轉。

不過最近的新聞指出，豐田（電裝）也打算出資四〇〇億日圓，且新廠會製造一〇nm節點產品，新的合資公司將會投資共九八〇〇億日圓建廠。

原因在於，雖然目前的市場主流確實是二〇～二十八nm節點的產品，但目前最先進的是五nm製程，二〇～二十八nm已是四個世代以前的技術（十多年前開發的技術），部分專家認為，這樣的決策會帶來負面影響。因為這點，讓人覺得這次的新工廠建設計畫並不穩當。會這麼想的應該不是只有筆者吧？

在這件事上，專家們大致上分成了贊成派與懷疑派，以下介紹兩派的代表性意見。

贊成派、懷疑派的意見

贊成派的意見可整理如下。

新工廠生產的產品可優先供應日本國內廠商（雖然我們並不確定有沒有這樣的契約），這樣便能避免「必須從海外購買半導體」的地緣政治風險並緩和價格上升的風險。此外，還能避免使用中國等國家製造，可能有後門程式的半導體，既能保障經濟安全（保障半導體安全），也有助於培育未來日本的半導體產業。

相對的，懷疑派又是怎麼想的呢？

現在才要在日本建設二〇～二十八nm節點的新工廠，這點本身就讓人懷疑其理由。當然，新工廠的成熟製程也足以供應車用半導體、影像感測器等成熟半導體產品，但有必要為了特定廠商，花費人民的稅金建設新工廠嗎？而且說是為了建立供應鏈，但封裝工作還是得委託海外的OSAT不是嗎？

筆者的想法

這次台積電在日本建設新廠的計劃，其中最重要的意義是做為刺激劑，讓跌落谷底的日本半導體產業復興；或者做為契機，讓相關單位能在半導體的產業戰略中，訂出有遠見的長期目標，做出強而有力的決策，並確實推動這些計畫。

美國等國家已投入大量資源在附加價值高的先進技術產品上，我們應該要避免讓情況演變成「日本只能接下附加價值沒那麼高的主流產品市場，在半導體產業中淪為二流國家」。

「主流市場」聽起來很好聽，但在未來，我們應逐漸轉移到利基市場。

還有一件事，那就是在細微化（延續摩爾定律）的科技上，筆者在意的是日本沒有參與最先進的ＥＵＶ微影製程。日本廠商必須及早獲得這樣的技術才行，為此，日本必須製造七ｎｍ以下製程節點的產品。所以，我無法完全贊成這次新工廠（二〇〜二十八ｎｍ）的建設。

針對博而不精之戰略的疑問

不只是製造層面，日本在整體半導體產業中還有許多須要解決的問題。先前提到的「半導體戰略（概略）」中，有提到未來的主要策略。包括

- 細微化製程技術開發計畫（More Moore，延續摩爾定律）
- ３Ｄ化製程技術開發計畫（More than Moore，超越摩爾定律）
- 在日本國內建立先進邏輯半導體量產工廠
- 產總研「先進半導體製造技術聯盟」
- ＴＩＡ「半導體開放式創新據點」
- 半導體製造設備、材料的領先研究

等等。

本書並沒有深入描述以上各點的內容，而是依照筆者的個人經驗，說明基本概念與個人立場。

日本不應一次挑戰那麼多項目，那只會得到博而不精的結果。而是應該考慮到奪回各產業霸權的可能性高低，排列出優先順序，集中資源投資在某些項目上。

基於對過往國家計畫的經驗與反省，主管單位應建立迅速而強力的判斷、決策制度，建立公正的期中評價方式並嚴格實施，且計畫需具備一定彈性，若有必要，須立刻變更計畫內容或方向。還須致力發掘、培育、禮遇擁有特殊才能的人才。也就是說，政府不

應只依靠既有的專家學者，也要積極與民間專家、從業人員合作，吸取他們的意見，反應在新的計畫上。

以下依筆者拙見，列出幾個技術層面上的建議。

- 日本須引入新型材料，製造新型記憶體、功率半導體、矽光子半導體等，參與可能取得優勢的領域，領先全球打造出標準產品。
- 在全球市場占有一席之地的日本製造設備業界與材料業界，千萬不要驕傲、大意，而是要持續保持優勢。為此，國家也應該要全面支持他們。
- 捨棄「日本要做為3D化的封裝技術、單石化技術的先鋒」這種幻想，專注於基礎技術的開發，盡快做到產品商業化（不要重蹈EUV微影製程的覆轍）。
- 包括電子機械廠、IT大廠在內，應號召日本產官學單位，共同開發使用半導體（IC）的新應用程式。為此，我們需要創意性的思考方式，挖掘出人類潛在，或是正逐漸顯在化的需求，開發出相應的產品。
- 努力挖掘、培育、禮遇擁有能力的人才，打造讓他們願意付出心血的業界。
- 持續關注小晶片技術等可能造成半導體典範轉移的

圖6-6-1　小晶片的例子

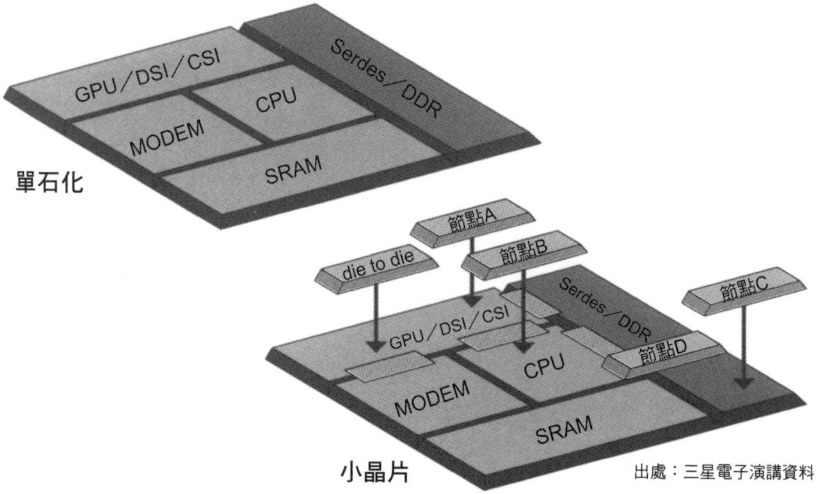

出處：三星電子演講資料

技術潮流，避免落後業界（圖6-6-1）。

以上述內容為基礎，我們不能讓半導體產業從日本消失，或者自甘墮落成為半導體的二流國家，而是要展現出堅定決心，重新在市場上占有一席之地。

日本半導體產業的最新動態

在我執筆本書的最後階段，日本的半導體產業有了新的變動，最後就讓我們來稍微談談這個部分。

二〇二二年十二月二十三日，日本政府（經產省）宣布要復活日本半導體產業，與**Rapidus**（次世代半導體量產新公司）及**LSTC**（技術研究聯盟 最先進半導體技術中心）一同發表了基本戰略構想。

其中，Rapidus（「快速」的拉丁語）已在二〇二二年十一月十一日宣布成立新公司，獲得了日本政府支援七百億日圓，並由日本國內八家公司（鎧俠、索尼、軟體銀行、電裝、豐田、NEC、NTT、三菱UFJ銀行）共同出資，希望能在未來五年內，打造二nm技術節點的邏輯半導體製造基礎，這些半導體將投入超級電腦、自動駕駛車、AI等應用。

這個計畫將與美國IBM與歐洲校際微電子中心（IMEC，總部位於比利時）合作。

為了復活過去三〇年間持續衰落的日本半導體產業，政府提出了這個規模龐大的構想。讓我有種「終於來了！」的感覺，並感到十分高興。再來，就是希望這不單只是畫大餅，不會損害日本的自主性、自立性，讓日本能在世界半導體產業中找到自己的定位，而且除了日本的半導體業界，也能一起提升整體國民生活。

希望各界能將這次的構想，當成日本半導體產業復活的「最後機會」，並能提出有效策略與行動，積極培育、確保人才。

專欄

AI擁有智慧或感情嗎？

所謂的**奇點**（Singularity），指的是「人工智慧超過人類智慧的技術奇點」。美國的未來學家雷蒙・庫茲維爾曾提到這個時間點會落在二〇四五年，並呼籲各界注意。

背景是二〇一〇年代開始迅速發展的深度學習，以及大數據的累積。使用深度學習的AI（人工智慧）接連打敗西洋棋、將棋、圍棋高手的新聞陸續出現，不難想像總有一天AI會進入每個人的生活，在許多領域中發揮作用。「未來究竟會變成什麼樣子呢？」應該有不少人會有這個疑慮吧。

話說回來，當AI在各種重複性工作、知識性工作上取代人類之後，我們不禁會思考未來AI會不會也產生「智慧」或「感情」，進而開始排除人類。

這裡要思考的是智慧、生命、意識（intelligence與consciousness）的問題。哲學家約翰・瑟爾曾提出「中文屋」的概念。假設外界輸入中文訊息到一個中文屋，房間可輸出適當的中文回答，且我們無法分辨這個中文回答是否出自人類。瑟爾主張，即使如此，我們也不能說這個中文屋擁有智慧。另一方面，艾倫・圖靈則認為，如果我們無法區分這個回答是否出自人類，就能認定這個屋子擁有智慧。

在討論這件事時，筆者認為所謂的智慧，並不是描述某個實體對象，而是某種功能。也就是說，我認為如果它的智慧性在功能（funciton）上不遜人類，那麼稱其為「智慧」並無不妥。然而，稱有智慧性功能的實體對象（硬體）為「擁有智慧的物體」就有些奇怪了。我認為，若要稱一個有智慧性功能的實體為智慧物體，那麼這個實體必須擁有生命，以及生命附帶的某種意識（consciousness）才行。這麼看來，若AI要成為智慧物體，就必須擁有生命。至少在AI達到這一步以前，我們應不須擔心AI擁有意識或感情。

資料①——半導體廠商與主要產品一覽

❶ IDM廠

公司名（國籍）	主要產品
英特爾（美國）	MPU（微處理器）、NOR快閃記憶體、GPU、SSD、晶片組
三星電子（韓國）	記憶體（DRAM、NAND快閃記憶體）、影像感測器
SK海力士（韓國）	記憶體（DRAM、NAND快閃記憶體）
美光科技（美國）	記憶體（DRAM、NAND快閃記憶體、SSD）
德州儀器（美國）	DSP（數位訊號處理器）、MCU（微控制器）
英飛凌科技（德國）	MCU、LED驅動器、感應器
鎧俠（日本）	記憶體（NAND快閃記憶體）
意法半導體（瑞士）	MCU、ADC（analog-to-digital converter，類比數位轉換器）
索尼（日本）	影像感測器
恩智浦半導體（荷蘭）	MCU、ARM架構
威騰電子（美國）	記憶體（NAND快閃記憶體、SSD）

❷ 晶片代工廠、製造廠

常用名稱（國籍）	其他名稱	目前全球市占率
台積電（臺灣）	TSMC，台灣積體電路製造	56%
三星電子（韓國）	Samsung Electronics	16%
聯電（臺灣）	UMC，聯華電子	7%
格羅方德（美國）	GF，GlobalFoundries	6%
中芯國際（中國）	SMIC，中芯國際集成電路製造	4%
世界先進（臺灣）	VIS，世界先進積體電路	2%
華虹半導體（中國）	Hua Hong Semiconductor	2%
高塔半導體（以色列）	Tower Semiconductor	1%
力積電（臺灣）	PSMC，力晶積成電子製造	1%
DB高科技（韓國）	Dongbu HiTek	1%

❸ 輕晶片廠

企業名（國籍）	主要產品
德州儀器（TI，美國）	類比IC、DSP、MCU
賽普拉斯（Cypress，美國）	NOR型快閃記憶體、類比IC、PMIC等MCU、語音IC、音訊IC（2020年成為英飛凌的子公司）
瑞薩（Renesas，日本）	車用半導體、PMIC、MCU
松下電器（Panasonic，日本）	MCU、LED驅動器、音訊IC（2020年時，將半導體事業賣給了臺灣的新唐科技）

❹ 無廠半導體公司

公司名（國籍）	主要產品
高通（Qualcomm, Inc.，美國）	名為高通驍龍（Snapdragon），以ARM為基礎的CPU架構、行動裝置SOC
博通（Broadcom Inc.，美國）	無線網路（wireless、broadband）、通訊的基礎建設
輝達（NVIDIA Corporation，美國）	GPU（圖形處理器）、行動裝置SOC、晶片組
聯發科（Media Tek Inc.，臺灣）	智慧型手機用的處理器
超微半導體（AMD，美國）	嵌入式處理器、電腦、圖形用MCU
海思半導體（HiSilicon technology Co., Ltd.，中國）	ARM架構的SOC、CPU、GPU
賽靈思（Xilinx，美國）	以FPGA為中心的可程式化邏輯裝置
邁威爾半導體（Marvell Semiconductor，美國）	網路類晶片
信芯（MegaChips Corporation，日本）	遊戲機用晶片
哉英電子（THine Electronics，日本）	介面IC

❺ IT大廠

企業名（國籍）	主要產品
谷歌（Google LLC，美國）	機器學習用處理器TPU（張量處理器）
蘋果（Apple Inc.，美國）	應用處理器
亞馬遜（Amazon.com, Inc.，美國）	AI（人工智慧）用晶片
Meta（Meta Platforms, Inc.，美國，原Facebook）	AI（人工智慧）用晶片
思科系統（Cisco Systems, Inc，美國）	網路處理器
諾基亞（Nokia Corporation，芬蘭）	基地台用半導體

❻ OSAT（封裝測試代工）廠

企業名	國籍
日月光（ASE）	臺灣
艾克爾科技（Amkor Technology）	美國
長電科技（JCET）	中國
矽品（SPIL）	臺灣
力成科技（PTI）	臺灣
華天（HuaTian）	中國
通富微電（TFME）	中國
京元電子（KYWS）	臺灣

❼ EDA供應商

企業名（國籍）	主要產品
益華（Cadence Design Systems，美國）	寡占三強之一。軟硬體兼備。（強項為模擬）
新思（Synopsys，美國）	寡占三強之一。軟硬體兼備。（強項為邏輯合成）
明導（Mentor，美國）	寡占三強之一。軟硬體兼備。〔2021年時，由西門子（德國）買下，成為西門子EDA〕
Aldec（美國）	Active-HDL
Jedat（日本）	適用SOC
PROTOtyping Japan（日本）	以FPGA為基礎
Soliton Systems（日本）	嵌入式系統
是德科技（Keysight Technologies，日本）	印刷電路板設計
Cats（日本）	嵌入式系統開發工具
西門子EDA（Siemens EDA，德國）	設計自動化的軟硬體（整合明導的產品）
圖研（ZUKEN，日本）	主攻印刷電路板
Vennsa Technologies（加拿大）	Web／行動解決方案
思發（Silvaco，美國）	設計自動化解決方案

❽ IP供應商

企業名（國籍）	主要產品
安謀（ARM，英國）	從嵌入式機械、低耗電應用程式到超級電腦，設計了多種機械需要的架構，並專利化。
新思（Synopsys，美國）	提供各種在業界廣泛使用，對應各種介面規格，表現優異的IP解決方案組合。
益華（Cadence Design Systems，美國）	提供以Tensilica為基礎的DSP核心群、尖端記憶體與介面核心群、尖端串列介面核心群等IP核心群。
Imagination Technologies（英國）	適用於行動裝置之GPU電路IP。
Ceva（美國）	訊號處理、感測器整合、AI處理器IP。
SST（美國）	多搭載於單晶片產品之分離閘型快閃記憶體IP。該公司稱其為超級快閃記憶體（Super Flash）。
芯原（VeriSilicon，中國）	適用於圖像訊號處理器的IP。
Alphawave Semi（加拿大）	多標準連結（multi-standard connectivity）IP解決方案。
力旺電子（eMemory，臺灣）	提供四種覆寫次數不同的非揮發性記憶體IP。
Rambus（美國）	SDRAM模組中的Rambus DRAM、低耗電且能以多標準連結的SerDes IP解決方案。

❾ MEMS廠

企業名（國籍）	主要產品
博通（Broadcom，美國）	RF MEMS
博世（Bosch，德國）	MEMS感測器
意法半導體（STMicroelectronics，ST，瑞士）	溫度感測器、麥克風、觸控感測器、測距感測器
德州儀器（Texas Instruments，TI，美國）	MEMS振鏡、溫度感測器、磁場感測器、光感測器
HP（美國）	加速度感測器、地震感測器、噴墨印表機MEMS
威訊（Qorvo，美國）	RF MEMS、致動器
TDK（日本）	MEMS麥克風、壓力感測器、氣壓感測器、加速度感測器、超音波感測器
村田製作所（日本）	加速度感測器、麥可風、角速度感測器、傾角感測器
松下電器（Panasonic，日本）	角速度感測器、MEMS感壓開關
旭化成微電子（Asahi Kasei Microdevices，日本）	磁場感測器、超音波感測器
佳能（Canon，日本）	各種微型機器、印字頭
太陽誘電（Taiyo Yuden，日本）	壓電致動器、聲波濾波器
Alps Alpine（日本）	氣壓感測器、濕度感測器
愛普生（日本）	振動感測器、加速度感測器、印字頭

⑩ 矽晶圓製造廠

企業名（國籍）	目前全球市占率
信越化學工業（Shin-Etsu Chemical，日本）	31%
勝高（SUMCO，日本）	24%
環球晶圓（GlobalWafers，臺灣）	18%
SK Siltron（韓國）	14%

⑪ 化合物半導體基板廠（日本企業）

企業名	主要產品
住友電氣工業（Sumitomo Electric Industries）	GaAs、InP、GaN
住友金屬礦山（Sumitomo Metal Mining）	GaP、InP
力森諾科（Resonac，原 昭和電工（Showa Denko））	GaP、InP
信越半導體（Shin-Etsu Handotai）	GaAs、GaP、SiC
三菱化學（Mitsubishi Chemical）	GaAs
日立金屬（Hitachi Metals）	GaAs
同和控股（DOWA Holdings）	GaAs
日礦材料	InP、CdTe
日亞化學工業（Nichia Corporation）	GaN
豐田合成（Toyoda Gosei）	GaN

⑫ 製造設備廠

企業名（國籍）	主要產品
應用材料（AMAT，美國）	蝕刻機、CVD、CMP、ALD、濺鍍機、鍍膜機
艾司摩爾（ASML，荷蘭）	步進式曝光機、掃描式曝光機、EUV
東京威力科創（Tokyo Electron Limited，日本）	塗佈機、顯影機、CVD、蝕刻機、ALD
科林研發（Lam Research，美國）	蝕刻機、成膜設備、洗淨設備
科磊（KLA-Tencor，美國）	製造檢查裝置（參數過程、工程控制、智慧產線監控）
愛德萬測試（Advantest，日本）	測試儀、電子束直接寫入
SCREEN（日本）	塗佈機、顯影機、濕洗淨
東京精密（Tokyo Seimitsu，日本）	切割機、CMP、針測機
Sinfonia Technology（日本）	搬運系統
日立先端科技（Hitachi High-Technologies，日本）	電子束直接寫入、顯微鏡（SEM、TEM、AFM）
泰瑞達（Teradyne，美國）	測試儀

ASM國際（ASM International，荷蘭）	ALD、CVD
尼康（Nikon，日本）	步進式曝光機
日立國際電氣（Hitachi Kokusai Electric，日本）	熱製程裝置、磊晶成長裝置
大福（Daifuku，日本）	搬運系統
佳能（Canon，日本）	步進式曝光機
迪思科（DISCO，日本）	切割機、研磨機
優貝克（Ulvac，日本）	濺鍍機
Kaijo（日本）	晶圓搬運機
創技工業（SpeedFam，日本）	研磨機
紐富來科技（NuFlare Technology，日本）	光罩電子束寫入機

⓭ 氣體廠（日本企業）

企業名	主要產品
大陽日酸（Taiyo Nippon Sanso）	成膜、摻雜
Air Water	成膜、洗淨、蝕刻
關東化學（Kanto Chemical）	蝕刻、洗淨（特別是氟氣）
力森諾科〔Resonac，原昭和電工（Showa Denko）〕	蝕刻、成膜
大金工業（Daikin Industries）	蝕刻
瑞翁（Zeon Corporation）	蝕刻
住友精化（Sumitomo Seika Chemicals）	成膜、蝕刻、摻雜、磊晶成長
中央硝子（Central Glass）	成膜、洗淨
岩谷產業（Iwatani）	工業氣體（O_2、N_2、Ar_2）、材料氣體（H_2、He、CO_2）
三井化學（Mitsui Chemicals）	蝕刻
關東電化工業（Kanto Denka Kogyo）	蝕刻、洗淨
艾迪科（ADEKA）	蝕刻、成膜

⓮ 氣體廠（日本以外企業）

企業名（國籍）	主要產品
空氣化工（Air Products and Chemicals，美國）	材料氣體（H_2等）
液化空氣集團（Air Liquide，法國）	特殊氣體（SiH_2等）
SK材料（SK materials，韓國）	蝕刻
Foosung（韓國）	特殊氣體

⓯ 藥液廠（日本企業）

企業名	主要產品
Stella Chemifa	氫氟酸、氫氟酸緩衝液（BHF）
住友化學（Sumitomo Chemical）	硫酸、硝酸、氨水
關東化學（Kanto Chemical）	各種酸性藥品、氨水、過氧化氫、氟化銨
日本化藥（Nippon Kayaku）	MEMS用光阻劑
東京應化工業（Tokyo Ohka Kogyo）	顯影液、剝離液
三菱瓦斯化學（Mitsubishi Gas Chemical）	蝕刻液
三菱化學（Mitsubishi Chemical）	洗淨液
大金工業（Daikin Industries）	蝕刻液（氟酸等）
森田化學工業（Morita Chemical Industries）	蝕刻液
德山（Tokuyama）	顯影液
富士軟片和光純藥（Fujifilm Wako Pure Chemical）	洗淨液

⓰ 藥液廠（日本以外企業）

企業名（國籍）	主要產品
巴斯夫（BASF，德國）	洗淨液
樂金化學（LG Chem，韓國）	洗淨液

⓱ 熱氧化爐

企業名	國籍
東京威力科創（Tokyo Electron Limited）	日本
國際電氣（Kokusai Electric）	日本
ASM國際（ASM International）	荷蘭
大倉電氣（Ohkura Electric）	日本
Tempress Systems	荷蘭
捷太格特（JTEKT，原 光洋熱系統（Koyo Thermo Systems））	日本

⑱ CVD設備廠

企業名	國籍
應用材料（Applied Materials，AMAT）	美國
科林研發（Lam Research）	美國
東京威力科創（Tokyo Electron Limited）	日本
ASM國際（ASM International）	荷蘭
日立國際電氣（Hitachi Kokusai Electric）	日本
周星工程（Jusung Engineering）	韓國
日本ASM（ASM Technologies）	日本

⑲ ALD設備廠

企業名	國籍
應用材料（Applied Materials，AMAT）	美國
科林研發（Lam Research）	美國
英特格（Entegris）	美國
威科（Veeco）	美國
東京威力科創（Tokyo Electron Limited）	日本
Beneq Oy	芬蘭
ASM國際（ASM International）	荷蘭
Picosun Oy	芬蘭

⑳ 鍍銅設備廠

企業名	國籍
荏原製作所（Ebara Corporation）	日本
東設（Tosetz）	日本
東京威力科創（Tokyo Electron Limited）	日本
應用材料（Applied Materials，AMAT）	美國
諾發系統（Novellus Systems）	美國
EEJA（原日本電鍍工程株式會社）	日本
日立電力解決方案（Hitachi Power Solutions）	日本

㉑ 光阻劑塗佈設備廠

企業名	國籍
東京威力科創（Tokyo Electron Limited）	日本
SCREEN	日本
細美事（SEMES）	韓國

㉒ 光阻劑製造廠（日本企業）

企業名	目前全球市佔率
JSR	27%
東京應化工業（Tokyo Ohka Kogyo）	24%
信越化學工業（Shin-Etsu Chemical）	17%
住友化學（Sumitomo Chemical）	14%
富士軟片（Fujifilm）	10%

㉓ 曝光機設備廠

企業名	國籍
艾司摩爾（ASML）	荷蘭
尼康（Nikon）	日本
佳能（Canon）	日本

㉔ 乾式蝕刻設備廠

企業名	國籍
科林研發（Lam Research）	美國
東京威力科創（Tokyo Electron Limited）	日本
應用材料（Applied Materials，AMAT）	美國
日立先端科技（Hitachi High-Technologies）	日本
SAMCO	日本
芝浦機械電子（Shibaura Mechatronics）	日本

㉕ 濕式蝕刻設備廠

企業名	國籍
SCREEN	日本
科林研發（Lam Research）	美國
Japan Create	日本
Mikasa	日本

㉖ 離子植入設備廠

企業名	國籍
漢辰科技（AIBT）	美國
Amtech Systems	美國
應用材料（Applied Materials，AMAT）	美國
亞舍立科技（Axcelis Technologies）	美國

日新電機（Nissin Electric）	日本
住友重機械離子科技（Sumitomo Heavy Industries Ion Technology）	日本
優貝克（Ulvac）	日本

㉗ CMP廠

企業名	國籍
應用材料（AMAT）	美國
荏原製作所（Ebara Corporation）	日本
創技工業（SpeedFam）	美國
科林研發（Lam Research）	美國
Strasbaugh	美國

㉘ 研磨劑廠

企業名	國籍
卡博特（Cabot）	美國
富士軟片（Fujifilm）	日本
福吉米（Fujimi Incorporated）	日本
力森諾科〔Resonac，原昭和電工綜合材料（Showa Denko Materials）〕	日本
巴斯夫（BASF）	德國
Nitta DuPont	日本
JSR	日本
凸版印刷（Toppan）	日本
空氣化工（Air Products and Chemicals）	美國

㉙ 燈退火設備廠

企業名	國籍
Advance Riko	日本
優志旺電機（Ushio）	日本
捷太格特（JTEKT，原光洋熱系統，Koyo Thermo Systems）	日本
Mattson Technology	美國

㉚ 針測機廠

企業名	國籍
東京威力科創（Tokyo Electron Limited）	日本
東京精密（Tokyo Seimitsu）	日本

日本美科樂（Micronics Japan）	日本
Tiatech	日本
Opto System	日本

㉛ 測試儀廠

企業名	國籍
愛德萬測試（Advantest）	日本
泰瑞達（Teradyne）	美國
安捷倫科技（Agilent Technologies）	美國
TESEC	日本
Spandnix	日本
ShibaSoku	日本

㉜ 晶圓搬運機

企業名	國籍
村田機械（Murata Machinery）	日本
大福（Daifuku）	日本
RORZE	日本
Sinfonia Technology	日本

㉝ 晶圓檢查設備廠

企業名	國籍
科磊（KLA-Tencor）	美國
應用材料（Applied Materials，AMAT）	美國
艾司摩爾（Advanced Semiconductor Materials Lithography，ASML）	荷蘭
日立先端科技（Hitachi High-Technologies）	日本
雷泰光電（Lasertec）	日本
紐富來科技（NuFlare Technology）	日本

㉞ 切割機廠

企業名	國籍
迪思科（DISCO）	日本
東京精密（Tokyo Seimitsu）	日本
山田尖端科技（Apic Yamada）	日本

㉟ 導線架廠

企業名	國籍
三井高科技（Mitsui High-tec）	日本
新光電氣工業（Shinko Electric Industries）	日本
ASM Pacific Technology	新加坡
長華科技（CWTC）	臺灣
先進封裝（Advanced Assembly Materials International，AAMI）	臺灣
Haesung DS	韓國

㊱ 黏片機廠

企業名	國籍
貝思半導體（BE Semiconductor）	荷蘭
ASM Pacific Technology	新加坡
庫力索法（Kulicke & Soffa Industries）	新加坡
Palomar Technologies	美國
新川（Shinkawa）	日本

㊲ 焊線接合廠

企業名	國籍
ASM Pacific Technology	荷蘭
DIAS Automation	香港
庫力索法（Kulicke & Soffa Industries）	新加坡
新川（Shinkawa）	日本
澀谷工業（Shibuya Corporation）	日本

㊳ 熱固性樹脂廠

企業名	國籍
力森諾科（Resonac）	日本
揖斐電（Ibiden）	日本
Nagase ChemteX	日本
住友電木（Sumitomo Bakelite）	日本

㊴ 樹脂封裝機廠

企業名	國籍
東和（TOWA）	日本
ASM assembly technology	新加坡

山田尖端科技（Apic Yamada）	日本
愛伯（I-PEX）	日本
岩谷產業（Iwatani）	日本

㊵ 濺鍍設備廠

企業名	國籍
應用材料（Applied Materials，AMAT）	美國
優貝克（Ulvac）	日本
佳能Anelva（Canon Anelva）	日本
北方華創（NAURA Technology）	中國
芝浦機械電子（Shibaura Mechatronics）	日本
東橫化學（Toyoko Kagaku）	日本
日本ASM（ASM Technologies）	日本

㊶ 濺鍍靶材廠（日本企業）

企業名	主要產品
JX金屬（JX Metals）	Ti、Cu、Cu合金、Ta、W
東芝材料（Toshiba Materials）	Cu、Cu合金（2024年以前退出市場）
Furuuchi Chemical	Al、Ni、Cu、ITO
高純度化學研究所（Kojundo Chemical Laboratory）	Al、Co、Cu、In
優貝克（Ulvac）	W、Co、Ni、Ti、Silicide
三井金屬礦業（Mitsui Mining & Smelting）	ITO、IZO、IGZO
大同特殊鋼（Daido Steel）	Ni、Ti、Cu、Cr、Al

㊷ 超純水廠（日本企業）

企業名	備註
奧璐佳瑙（ORGANO）	在臺灣的市占率高
野村微科學（Nomura Micro Science）	在韓國、臺灣的市占率第一
栗田工業	日本國內最大的水處理廠

㊸ 光罩檢測設備廠（日本企業）

企業名	主要產品
雷泰光電（Lasertec）	EUV光罩、DUV光罩
紐富來科技（NuFlare Technology）	DUV光罩
堀場（Horiba）	光罩／光罩異物
SCREEN	光罩外觀

資料②——半導體用語解說

A/D、D/A	Analog to Digital converter、Digital to Analog converter。將類比訊號轉換成數位訊號的轉換器，以及將數位訊號轉換成類比訊號的轉換器。亦可寫成ADC、DAC。
AGV	Auto Guided Vehicle（無人搬運車），也叫做無人搬運機器人。無塵室內的各個晶圓製程之間，會用AGV搬運晶圓。
ALD	Atomic Layer Deposition（原子層沉積）。在短時間內，對裝有晶圓的腔體多次注入、排出各種氣體，這些氣體含有成膜需要的成分，使特定原子能在晶圓上形成一層層單一原子厚度的膜。
AlGaP	Aluminum Gallium Phosphide，磷化鋁鎵。
AND	也叫做邏輯且，意為「……且……」。
BEOL	Back End Of Line，常簡稱為Back End。前製程的後半部分，以內部配線連接FEOL中製造之元件的製程。
CIM	Computer Integrated Manufacturing（電腦整合製造）。運用電腦，蒐集並分析製程中的資料，使其數據化，用於進行裝置控制、搬運控制、工程管理的系統。
CIS	CMOS Image Sensor。由CMOS電路負責傳遞光電二極體產生之電子的影像感測器。
CISC	Complex Instruction Set Computer。一種電腦指令集結構的設計方法，硬體較複雜，但需要的指令次數較少。
CMP	Chemical Mechanical Polishing（化學機械性研磨）。轉動矽晶圓，一邊加入研磨劑，一邊將矽晶圓壓向研磨板，透過化學性或機械性反應，研磨矽晶圓表面，使其變得更為平坦（平坦化）。因為可以得到極為平坦的表面，故也稱做鏡面研磨（mirror polish）。CMP可分為絕緣體類與金屬類。
CODEC	Coder + DECoder（編碼器／解碼器）。
CPU	Central Processing Unit（中央處理器）。電腦的心臟，進行各式各樣的運算處理。
CT	Computed Tomography（電腦斷層掃描）。以電腦重組人體剖面圖像的醫療裝置。

CVD	Chemical Vapor Deposition（化學氣相沉積）。對裝有晶圓的腔體注入原料氣體，以熱或電漿激發其產生化學反應，使其在晶圓上沉積出特定薄膜。沉積下來的膜包括各種絕緣膜、半導體膜、導體膜等。
柴氏法	Czochralski method，為最常見的單晶長晶法。
DC/DC轉換器	Direct Current／Direct Current Converter。將直流電轉換成直流電的裝置，可改變直流電的電壓。
DRAM	Dynamic Random Access Memory。須進行記憶保持動作的隨機存取記憶體。須要重新整理的動作，即破壞式讀取後再寫入。
DSP	Digital Signal Processor（數位訊號處理裝置）。特化為數位訊號處理的微處理器。
DX	Digital Transformation。數位化轉型。透過數位技術的進化、滲透，「讓人們的生活過得更好」的思考方式。
EB直接寫入	Electron Beam direct writing（電子束直接寫入）。不使用光罩，而是用電子資訊直接寫入。低產出率為其最大缺點。
EDA	Electronics Design Automation。電子系統的設計自動化。支援半導體設計工作的軟硬體總稱。開發、提供EDA工具的企業，稱做「EDA供應商」。他們會供應與支援半導體電路的系統設計、邏輯合成與驗證、布局設計與驗證、各種CAD工具與模擬的供應與支援。CAD（Computer Aided Design）指的是電腦的支援設計。
eDRAM	混合搭載了邏輯電路與DRAM的半導體，常用於CPU系統中，層級與主記憶體最接近的快取記憶體。也叫做嵌入式DRAM。
EEPROM	Electrically Erasable Programmable Read Only Memory。可電子抹除、可執行程式的唯讀記憶體。
EUV	Extreme Ultra Violet（極紫外光）。使用13.5 nm紫外線的曝光，為目前解析度最高的光源。
FEOL	Front End Of Line。在晶圓上製作電晶體等元件的製程，亦簡稱為Front End。前製程的前半部分。
FLASH	快閃記憶體。代表性的非揮發性記憶體，可分為NAND型與NOR型。

FPGA	Field Programmable Gate Array（可程式邏輯陣列）。製造出成品後，購買者或設計者能設計內部邏輯結構的邏輯陣列。
GA	Gate Array（邏輯陣列）。購買方便的LSI。預先將基本邏輯元件的配置（母片）依照用戶要求的功能連接配線。
GaAs	Gallium Arsenide（砷化鎵）。
GaN	Gallium Nitride（氮化鎵）。
GPU	Graphics Processing Unit（圖形處理器）。為處理3D圖形而特化的處理器。
HSMC	Hongxin Semiconductor Manufacturing Corporation。弘芯，位於中國武漢市的晶片代工廠。
IC	Integrated Circuit。積體電路，由多個電晶體等元件以一定的內部配線相連，通電後有特定功能的電路。
IDM	Integrated Device Manufacturer。整合元件製造商。從半導體產品的設計、製造，到販賣，皆由同一家公司進行的製造商。
IGBT	Insulated Gate Bipolar Transistor（絕緣閘雙極電晶體）。結合了MOS型電晶體與雙極性電晶體，常用於功率控制等地方。
IGZO	Indium Gallium Zinc Oxide（氧化銦鎵鋅）。
InP	Indium Phosphide（磷化銦）。
IP	Intellectual Property。智慧財產權（矽智財）。使半導體擁有特定功能之電路設計。提供IP的企業稱做IP供應商。
ITO	Indium Tin Oxide（氧化銦錫）。透明半導體。
LED	Light Emitting Diode（發光二極體）。二極體的一種，若在兩端子間施加順向電壓，可使其發光的元件。
LSI	Large Scale Integration。大型積體電路。
MCU	Micro Controller Unit（微控制器）。功能與規模上比MPU更小的微處理器。
MCZ	Magnetic CZ（磁場柴氏法）。長晶時施加強磁場的CZ法。
MEMS	Micro Electro Mechanical System（微機電系統）。將感應器、致動器、電子電路搭載於半導體晶片上的超小型裝置。

MODEM	MOdulation + DEModulation。可使電腦的數位訊號，與電話線傳輸的類比訊號互相轉換，擁有調變與解調功能的訊號收發裝置。
MOS	Metal Oxide Semiconductor（金屬氧化物半導體）。最基本的場效電晶體所使用的結構。
MPU	Micro Processing Unit（微處理器）。可進行電腦的基本運算，基本上與CPU意義相同，不過MPU特別強調其為「搭載了半導體晶片的CPU」。
MRAM	Magnetic RMA。一種運用磁場現象（電子自旋）運作的非揮發性記憶體。
MRI	Magnetic Resonance Imaging。運用強磁場與強電場，拍攝體內狀態剖面圖的醫療裝置。
MSI	Medium Scale Integration。中型積體電路。
NAND	NOT + AND。邏輯非及，即AND（……且……）的否定邏輯閘。比起NOR快閃記憶體，NAND快閃記憶體可高度集積化，單位容量的成本較低，適用於大容量儲存裝置。
NFC	Near Field Communication。近距離無線通訊規格。靠近後便能與周圍裝置通訊的技術。
NOR	邏輯非或。即OR（……或……）的否定邏輯閘。
OHS	Over Head Shuttle。由線性馬達驅動的矽晶圓空中搬運系統。
OHT	Overhead Hoist Transport。設置於無塵室天花板的軌道搬運系統，擁有懸吊裝置，可前後、上下移動矽晶圓。
OR	邏輯或，意為「……或……」。
OSAT	Outsourced Semiconductor Assembly & Test（封測代工廠）。負責半導體後製程代工的企業。
PCRAM	Phase Change RAM。運用電流（發熱）的相變化，產生電阻變化的RAM。
PD	Photo Diode。可將光訊號轉換成電訊號的二極體。
PET	Positron Emission Tomography（正子斷層造影）。運用電腦與正子的檢測進行剖面攝影。
PLD	Programmable Logic Device（可程式化邏輯裝置）。能以程式方式改變內部邏輯電路內容的IC統稱。

PLL	Phase Locked Loop（鎖相迴路）。對週期性的輸入訊號進行回授控制，輸出與其他發訊器同相之訊號的電路。
PVD	Physical Vapor Deposition（物理氣相沉積）。相對於CVD的沉積方式。以物理性方式，使原料氣體堆積在矽晶圓上成膜。濺鍍為PVD的代表性方法。在濺鍍過程中，需將膜材料製成圓盤狀的濺鍍靶，然後用高速氬氣分子（Ar）撞擊，使彈射出來的元素在矽晶圓上堆積成膜。
RISC	Reduced Instruction Set Computer。一種電腦指令集結構的設計方法，硬體較簡單，但需要的指令次數較多。
RRAM	Resistive Random Access Memory。利用電流產生的電阻變化發揮作用的非揮發性記憶體。
RTA	Rapid Thermal Annealing（快速熱退火）。將晶圓放入有許多紅外線燈的腔體內後，對紅外線燈通電，藉由燈的開關使晶圓急速升溫、降溫。也叫做燈退火（Lamp Anneal）。
矽晶圓	Silicon wafer。單晶矽的薄圓板。直徑長為300mmf（f為直徑。300 mm相當於12吋）、450mmf（目前最大）等。
SMIC	Semiconductor Manufacturing International Corporation。中芯國際，為中國上海市的晶片代工企業。
SnO_2	tin oxide（二氧化錫）。
SOC	System On Chip。於矽晶圓上搭載系統化功能的LSI。
SOI晶圓	Silicon On Insulator。將薄單晶矽層建構在Si＋SiO_2的基板上。
SRAM	Static Random Access Memory。不須記憶保持動作的隨機存取記憶體，不須重新整理動作。
SSD	Solid State Drive。將NAND Flash當作硬碟用的輔助記憶裝置。
SSI	Small Scale Integration。小型積體電路。
TPU	Tensor Processing Unit。由Google開發，機器學習特化，適用於AI處理的半導體。
TSMC	Taiwan Semiconductor Manufacturing Company。台積電，為世界最大的晶片代工企業（接受半導體生產委託的公司）。本部位於臺灣新竹市，為世界上第一個晶片代工企業，也是規模最大的晶片代工企業。2021年的營收達568億美元。

TSV	Through Silicon Via（矽穿孔）。在矽基板的上下層間鑽孔貫穿，埋入導電性材料，實現三維結構半導體（IC）的技術。
ULSI	Ultra Large Scale Integration。極大型積體電路。
UMC	United Microelectronics Corporation。聯電，為臺灣晶片代工企業。本部位於臺灣新竹市，為世界第三（2015年）的半導體晶片代工企業。
VIS	Vanguard International Semiconductor Corporation。世界先進，為臺灣的晶片代工企業。
VLSI	Very Large Scale Integration。超大型積體電路。
ZnO	zinc oxide（氧化鋅）
應用處理器	Application Processor。智慧型手機、平板電腦等裝置所使用的微處理器。
對準器	aligner。使用步進式曝光機時，在step and repeat步驟中，僅讓晶圓平台移動。
離子植入	Ion Implantation。以電場加速導電性雜質離子，將其打入半導體內，形成導電型雜質添加區域。
影像感測器	Image Sensor。也叫做「電子之眼」。
晶圓針測	Wafer sort。前製程在半導體基板上完成多種元件（IC、LSI、VLSI）後，對照成品與產品規格是否相符，分辨出良品與不良品。
濕式蝕刻	wet etching。使用能與薄膜材料起化學反應的藥劑，溶解薄膜，去除部分或全部的薄膜。
磊晶晶圓	epitaxial wafer。在正規晶圓上，成長出單晶矽薄膜的磊晶。
碳中和	Carbon Neutral。使地球上溫室氣體達到平衡，即排出量與吸收量、去除量達到平衡，以阻止CO_2、甲烷、氟氯碳化物的增加。
載體氣體	carrier gas。不參與化學反應，僅用於運送活性氣體，或者營造非活性環境的氣體。如N_2、Ar_2等。
雲端運算	cloud computing。透過網路提供電腦服務資源的業務型態。
清潔氣體	cleaning gas。用於清潔成膜裝置等腔體內部的氣體，如NF_3、C_2F_6、COF_2等氣體。
輔助處理器	Co-processor。相對於CPU這種在電腦系統內負責主要計算工作的泛用處理器，輔助處理器則負責輔助、代行部分計算的處理。

掃描式曝光機	scanner。一種曝光機。運作時，晶圓平台與光罩都有step and repeat動作。這種方式可利用透鏡像差較小的部分，故可得到較廣的曝光區域。KrF準分子雷射以後（包括部分i線開始），多使用掃描式曝光機。
步進式曝光機	stepper。縮小投影曝光裝置。在step and repeat動作下，使光罩圖樣縮小至1/4～1/5，投影在光阻劑上燒刻。欲燒刻越細微的圖樣，就要用波長越短的光。光源包括g線（436 nm）、i線（365 nm）、KrF準分子雷射（248 nm）、ArF準分子雷射（193 nm）、ArF浸潤曝光（在物鏡與光阻劑之間，加入折射率1.44的水，使解析度提升1.44倍）等，形成細微圖樣時，會使用多重曝光。
濺鍍	sputtering。將成膜材料製成圓盤狀的標靶（target），以高速氬原子撞擊，使反彈出來的原子附著在半導體上，形成膜。屬於PVD（physical vapor deposition）的一種。除此之外，PVD還有蒸鍍（evaporation）、離子鍍（ion plating）等方法。
濺鍍靶材	sputtering target。以濺鍍方式使薄膜成長時，使用的圓盤狀加工材料，以高速氬氣分子撞擊該靶材，可使彈跳飛出的材料粒子附著於半導體上，形成膜。
智慧眼鏡	Smart Glass。除了讓我們看到眼前的現實世界，還追加了虛擬世界視覺資訊的眼鏡。
研磨劑	slurry。研磨材料所使用的膠狀液。常用於CMP的研磨。
切割	dicing。將矽晶圓切割成一個個IC晶片。IC晶片也叫做die或pellet，所以切割也叫做pelletizing。切割時，鑽石切割線會沿著晶片周圍的分割線（scribe line），切出一個個晶片。這種裝置叫做切割機（dicer）。
晶片	Chip。原本是一小片東西的意思。在方形矽薄片上製作的IC，稱做IC晶片，或者簡稱為晶片。晶片也叫做die或pellet。
小晶片	Chiplet。將CPU、GPU等多個核心分開來製作，再像樂高一樣組合成單一集合體之半導體（IC）製作方法。
分離式半導體	discrete。

IC設計公司	Design House。接受其他公司的委託，設計半導體產品的企業。
測試儀	tester。透過元件之間的電訊號收發，測試元件動作（功能、性能）是否正常的裝置。
乾式蝕刻	dry etching。使用能與欲加工之薄膜材料產生化學反應，產生揮發性物質的活性氣體、離子、自由基，去除部分（未被光阻劑覆蓋的部分）或整個薄膜的製程。
無人機	drone。即無人飛行機。
燒機	Burn-In。對IC施加電壓（Bias），提升溫度（T），進行可靠度加速實驗。也叫做BT（Bias Temperature）實驗。
海思半導體	HiSilicon Technology Co., Ltd. 中國深圳市的半導體廠商，以前是華為的ASIC設計中心。
封裝	packaging。為晶片裝上各種材質、形狀的外殼。
功率半導體	Power Semiconductor。須處理高電壓、高電流之電力機械所使用的半導體元件。
華為	總公司位於中國深圳市的通訊機械大廠。
晶片代工廠	Foundry。原義為鑄造所。半導體晶片的製造工廠，即接受委託，負責半導體製造前製程的企業。
輕晶片廠	Fab-light。擁有最低限度的半導體產線，大部分生產工作則委託晶片代工廠進行。
無廠半導體公司	Fabless。Fab（生產線）＋less（無）。自己不製造半導體元件，即沒有製造設施（fabrication facility），專為設計而特化的公司，生產工作則委託晶片代工廠。如名所示，為「沒有生產線的公司」。
光罩	photomask。在石英等透明原板上，描繪出可遮光的薄膜圖樣。近年來常聽到的stepper、scanner等曝光機所使用的光罩，上面的圖樣大小為矽晶圓圖樣的4～5倍，也叫做reticle（倍縮光罩）。
光阻劑	photo resist。在光蝕刻技術中，可利用光的化學反應產生圖樣的液體。由感光材料、基質樹脂、溶劑構成。可分為照到光的部分會被溶解消除的正性光阻劑，以及未照到光的部分會被溶解消除的負性光阻劑。
正規矽晶圓	Silicon prime wafer。成長後的單晶矽晶柱切片、研磨後得到的薄型圓板狀基板。

針測機	prober。半導體基板上的多個IC配置了許多電極焊墊，透過探針卡與探針相連。Prober指的是探針卡與控制探針卡的裝置。
接合	Bonding。以極細電線（金線等）連接晶片上的接合焊墊與外殼的導線。這個裝置也叫做接合機（bonder）。
黏片	mount。將晶片置於外殼的載板（黏上）。這個裝置也叫做黏片機（mounter）。Mount也叫做die bond，裝置也叫做die bonder。
光罩（倍縮光罩）	mask（reticle）。曝光時，某些部分會讓光通過，其他部分則不會讓光通過。光通過光罩後，照射在光阻劑上，可燒刻出需要的圖樣。光罩上的圖樣為燒刻圖樣的4～5倍大，曝光後可縮小至1/4～1/5。
鍍銅膜	plating。FEOL製程中，為了生成較厚的銅膜，而使用電鍍方式鍍銅。
記憶體	memory。記憶資訊，依需求提取出來使用的元件。
微影術	lithography。在晶圓上製作各種薄膜，再塗佈光阻劑，運用光蝕刻技術，燒刻出電路圖樣。
沖洗	rinse。以超純水沖洗殘留液。
雷射修整器	laser trimmer。在DRAM等有冗餘的元件中，會使用雷射修整保險絲（fuse），將不良位元置換成預先留下的位元，外界看來仍為正常運作。
化合物半導體	compound semiconductor。由兩種以上元素構成之化合物所組成的半導體。若由x種元素構成，則稱做x元半導體。二元半導體如SiGe、GaAs、GaN、SiC，三元半導體如AlGaAs、GaInAs，四元半導體如InGaAsP、InGaAlP等。
乾燥	drying。旋轉乾燥、IPA乾燥（Marangoni、Rotagoni等方法）。
揮發性	volatile。切斷電源後便會忘記資訊的性質。
顯影	develop。光照射到光阻劑後產生化學反應，使曝光部分與未曝光部分呈現出不同性質，再以顯像液顯現出圖樣。可分為曝光的光阻劑較易溶解的正性，以及曝光的光阻劑較難溶解的負性。
氧化物半導體	oxide semiconductor。由氧化物構成的半導體。包括ZnO、ITO、IGZO等。
氧化用氣體	oxidation gas。包括O_2、水蒸氣、O_2+H_2、O_2+H_2O等。

可靠度試驗	reliability test。為保證產品可靠度，使產品處於嚴苛溫度環境，或者施加高電壓的加速劣化實驗。
洗淨、沖洗、乾燥	cleaning rinsing drying。經某個製程處理後，在進入下一個製程前，得先去除表面粒子、微量金屬雜質、微量有機物質等。此時須使用藥液洗淨、純水沖洗，再使表面乾燥。有時會用氣體洗淨，稱做乾洗淨。藥液洗淨則稱做濕洗淨。
分類、檢查	sorting inspection。檢查封裝後的元件，在電特性與外觀上是否符合產品規格，是否為良品（分類選別）。
超解析度技術	為提升曝光時的解析度，會使用倍縮光罩的相轉移、OPC（Optical Proximity Correction 光學鄰近修正）等技術。
超純水	ultrapure water。經許多處理步驟，去除微粒、有機物、氣體等雜質後，極為純粹的水。
塗佈機	coater。在晶圓的各種薄膜上塗佈光阻劑薄膜的裝置。
刻印	marking。在外殼表面印刷產品名稱、製造公司名稱、製造批次、製造履歷等。
進貨檢查	incoming inspection。於製造過程的最後，檢查產品的電特性與外觀。
熱擴散	thermal diffusion。將矽晶圓暴露於高溫的導電性雜質氣體中，利用熱擴散現象添加導電型雜質。
熱擴散現象	在高溫狀態下，物質依照濃度梯度移動的現象。
熱氧化	thermal oxidation。將高溫矽晶圓暴露在氧化環境下，使矽（Si）與氧（O_2）產生化學反應，生成二氧化矽的膜。$SiO_2 \rightarrow SiO_2$
熱處理爐	thermal furnace。加熱（在高溫下）處理產品的爐。
剝離劑	remover。去除不需要的光阻劑時使用的藥液。
薄膜	薄膜有許多種類，如絕緣膜的SiO_2、SiON、Si_3N_4，金屬膜的Al、W、Cu，半導體膜的Poly-Si、矽化物膜$TiSi_2$、$TaSi_2$、$CoSi_2$、$NiSi_2$、TiN、TaN等。
半導體雷射	Semiconductor Laser。利用半導體的電子—電洞重新結合時產生的光，做為雷射光源。
搬運裝置	transferring equipment。半導體元件製造工程中，將半成品從一個製程搬運至下一個製程。可使用線性馬達經懸吊裝置搬運，或是透過AGV（Auto Guided Vehicle）、無軌道方式經地面搬運。
非揮發性	non-volatile。即使切斷電源也能記住資訊的性質。

密封	sealing。為保護封入外殼的晶片，使其方便與焊線接合，會使用模封樹脂包覆、蓋上金屬蓋密封。
背面研磨	back grinding。為了在切割後易於分離晶片、提升電性質、便於封裝，會研磨晶圓背面，使其變薄。

十一劃

十二劃

十三劃

十四劃

十五劃

八劃

九劃

十劃

索引

英數

Note

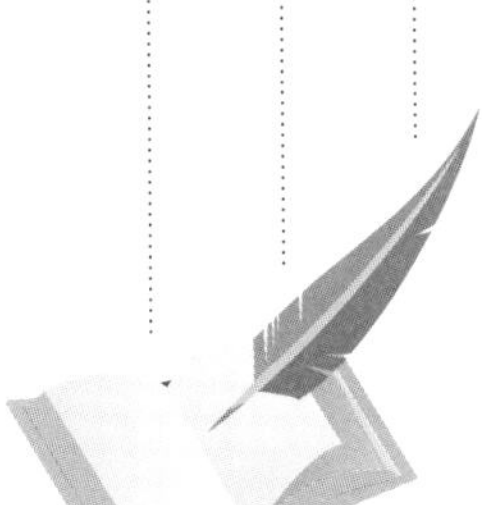

國家圖書館出版品預行編目資料

決戰半導體：解讀大數據時代的強勢版塊，掌握未來投資趨勢/ 菊地正典作；陳朕疆譯. -- 初版. -- 新北市：世茂出版有限公司，2024.10
面；　公分. -- (科學視界；280)
ISBN 978-626-7446-28-7(平裝)

1.CST: 半導體工業　2.CST: 技術發展
3.CST: 產業發展

484.51　　113010728

科學視界280

決戰半導體：解讀大數據時代的強勢版塊，掌握未來投資趨勢

作　　者／菊地正典
譯　　者／陳朕疆
主　　編／楊鈺儀
封面設計／林芷伊
出 版 者／世茂出版有限公司
地　　址／(231)新北市新店區民生路19號5樓
電　　話／(02)2218-3277
傳　　真／(02)2218-3239（訂書專線）
劃撥帳號／19911841
戶　　名／世茂出版有限公司
單次郵購總金額未滿500元（含），請加80元掛號費
世茂網站／www.coolbooks.com.tw
排版製版／辰皓國際出版製作有限公司
印　　刷／傳興彩色印刷有限公司
初版一刷／2024年10月

ＩＳＢＮ／978-626-7446-28-7
ＥＩＳＢＮ／9786267446270（EPUB）9786267446263（PDF）
定　　價／480元